国家电网
STATE GRID

电网企业专业技能考核题库

网络安全员

国网宁夏电力有限公司　编

中国电力出版社
CHINA ELECTRIC POWER PRESS

内 容 提 要

本书编写依据国家职业技能鉴定、电力行业职业技能鉴定与国家电网有限公司技能等级评价（认定）相关制度、规范、标准，立足宁夏电网生产实际，融合新型电力系统构建及新时代技能人才发展目标要求。本书主要内容为电网企业技能人员技能等级认定与评价实操试题，包含技能笔答及技能操作两大部分，其中技能笔答主要以问答题形式命题，技能操作以任务书形式命题，均明确了各个环节的考核知识点、标准答案和评分标准。

本书为电网企业生产技能人员的培训教学用书，可供从事相应职业（工种）技能人员学习参考，也可作为电力职业院校教学参考书。

图书在版编目（CIP）数据

网络安全员 / 国网宁夏电力有限公司编. —北京：中国电力出版社，2022.9
电网企业专业技能考核题库
ISBN 978-7-5198-7190-1

Ⅰ.①网… Ⅱ.①国… Ⅲ.①电网–网络安全–职业技能–鉴定–习题集 Ⅳ.①TM7-44

中国版本图书馆 CIP 数据核字（2022）第 203279 号

出版发行：中国电力出版社
地　　址：北京市东城区北京站西街 19 号（邮政编码 100005）
网　　址：http://www.cepp.sgcc.com.cn
责任编辑：马　丹（010-63412725）杨芸杉
责任校对：黄　蓓　朱丽芳
装帧设计：郝晓燕
责任印制：钱兴根

印　　刷：北京天宇星印刷厂
版　　次：2022 年 9 月第一版
印　　次：2022 年 9 月北京第一次印刷
开　　本：889 毫米×1194 毫米　16 开本
印　　张：12.25
字　　数：351 千字
定　　价：48.00 元

《电网企业专业技能考核题库 网络安全员》

编 委 会

《电网企业专业技能考核题库　网络安全员》

编　写　组

主　　编　　沙卫国

副 主 编　　吴　双　张振宇

编写人员　　吴旻荣　柴育峰　段文奇　夏　琨　党仲魁

　　　　　　贾　博　马泽坤　魏文婷　张　宇　王　波

　　　　　　刘　俊　李晓龙　王　峰　靳　敏　王海啸

　　　　　　汪　江　石昊楠　魏丹丹　杜梦迪　王素蓉

审稿人员　　李　斌　段文奇　于　烨　沙　浩　王　璠

　　　　　　卢　磊

前　言

国网宁夏电力有限公司以国家职业技能鉴定、电力行业职业技能鉴定与国家电网有限公司技能等级评价（认定）相关制度、规范、标准为依据，主要针对电网企业各类技能工种的初级工、中级工、高级工、技师、高级技师等人员，以专业操作技能为主线，立足宁夏电网生产实际，结合新型电力系统构建要求，编写了《电网企业专业技能考核题库》丛书。丛书在编写原则上，以职业能力建设为核心；在内容定位上，突出针对性和实用性，涵盖了国家电网有限公司相关政策、标准、规程、规定及现代电力系统新设备、新技术、新知识、新工艺等内容。

丛书的深度、广度遵循了"适应发展需求、立足实践应用"的工作思路，全面涵盖了国家电网有限公司技能等级评价（认定）内容，能够为国网宁夏电力有限公司实施技能等级评价（认定）专业技能考核命题提供依据，也可服务于同类电网企业技能人员能力水平的考核与认定。本套丛书可供电网企业技能人员学习参考，可作为电网企业生产技能人员的培训教学用书，也可作为电力职业院校教学参考用书。

由于时间和水平有限，难免存在疏漏之处，恳请各位专家和读者提出宝贵意见。

目 录

第一部分

初级工

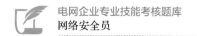

第一章　网络安全员初级工技能笔答

单　选　题

Jb0708571001　以下不属于预防病毒技术的范畴的是（　　）。（3分）

A. 引导区保护　　　　　　　　　　　　B. 加密可执行程序

C. 系统监控与读写控制　　　　　　　　D. 校验文件

考核知识点：病毒基础知识

难易度：易

标准答案：D

Jb0708571002　所有站点均连接到公共传输媒体上的网络结构是（　　）。（3分）

A. 总线型　　　　　　B. 环型　　　　　　C. 树型　　　　　　D. 混合型

考核知识点：网络基础

难易度：易

标准答案：A

Jb0708571003　按照技术分类可将入侵检测分为（　　）。（3分）

A. 基于标识和基于异常情况　　　　　　B. 基于主机和基于域控制器

C. 基于服务器和基于域控制器　　　　　D. 基于浏览器和基于网络

考核知识点：信息安全基础

难易度：易

标准答案：A

Jb0708571004　下列哪一个电源状况命令仅在 VMware Tools 安装后才可用？（　　）（3分）

A. 开机　　　　　B. 重置　　　　　C. 重新启动客户机　　　D. 挂起

考核知识点：虚拟化技术基础

难易度：易

标准答案：C

Jb0708571005　文件被感染病毒之后，其基本特征是（　　）。（3分）

A. 文件不能被执行　　B. 文件长度变短　　　C. 文件长度加长　　　D. 文件照常能执行

考核知识点：病毒基础知识

难易度：易

标准答案：C

Jb0708571006　下列除了（　　）以外，都是计算机病毒传播的途径。（3分）

A. 通过电子邮件传播　　　　　　　　　B. 通过 U 盘接触传播

C. 通过网络传播　　　　　　　　　　　　　　D. 通过操作员接触传播

考核知识点： 病毒基础知识

难易度： 易

标准答案： D

Jb0708571007 在以太网中，是根据（　　　　）来区分不同的设备的。（3分）

A. LLC 地址　　　　　B. MAC 地址　　　　　C. IP 地址　　　　　D. IPX 地址

考核知识点： 网络基础

难易度： 易

标准答案： B

Jb0708571008 FTP 与 HTTP 位于 TCP/IP 的（　　　　）。（3分）

A. 网络接入层　　　　B. 网络层　　　　　C. 传输层　　　　　D. 应用层

考核知识点： 网络基础

难易度： 易

标准答案： D

Jb0708571009 TCP 和 UDP 协议通过（　　　　）来确定最终目的进程。（3分）

A. IP 地址　　　　　B. 物理地址　　　　　C. 端口号　　　　　D. 以上答案均不对

考核知识点： 网络基础

难易度： 易

标准答案： C

Jb0708571010 VLAN 的划分不包括以下哪种方法？（　　　　）（3分）

A. 基于端口　　　　B. 基于 MAC 地址　　　C. 基于协议　　　　D. 基于物理位置

考核知识点： 网络基础

难易度： 易

标准答案： D

Jb0708571011 一个 VLAN 可以看作是一个（　　　　）。（3分）

A. 冲突域　　　　　B. 广播域　　　　　C. 管理域　　　　　D. 自治域

考核知识点： 网络基础

难易度： 易

标准答案： B

Jb0708571012 下列不属于以太网交换机生成树协议的是（　　　　）。（3分）

A. STP　　　　　B. VTP　　　　　C. MSTP　　　　　D. RSTP

考核知识点： 网络基础

难易度： 易

标准答案： B

Jb0708571013 网络关键设备和网络安全专用产品应当按照相关国家标准的强制性要求，由具

备资格的机构（　　　）或者安全检测符合要求后，方可销售或者提供。（3分）

 A. 认证产品合格 B. 安全认证合格 C. 认证设备合格 D. 认证网速合格

 考核知识点：网络基础

 难易度：易

 标准答案：B

Jb0708571014 （　　　）协议主要用于加密机制。（3分）

 A. SSL B. FTP C. TELNET D. HTTP

 考核知识点：网络基础

 难易度：易

 标准答案：A

Jb0708571015 开展专业技术技能培训考核，推行岗位安全技术等级认证，班组长、工作票签发人、（　　　）、工作许可人等关键岗位人员必须具备相应的专业技术技能和安全技术等级。（3分）

 A. 工作监护人 B. 工作负责人 C. 工作成员 D. 工作审批人

 考核知识点：规章制度

 难易度：易

 标准答案：B

Jb0708571016 公司大面积停电事件预警分为一级、二级、三级和四级，依次用红色、橙色、黄色和（　　　）表示，一级为最高级别。（3分）

 A. 蓝色 B. 绿色 C. 紫色 D. 白色

 考核知识点：规章制度

 难易度：易

 标准答案：A

Jb0708572017 传统的密码系统主要存在两个缺点，即（　　　）和认证问题。在实际应用中，对称密码算法与非对称密码算法总是结合起来的，对称密码算法用于加密，而非对称算法用于保护对称算法的密钥。（3分）

 A. 密钥管理与分配问题   B. 认证问题

 C. 签名问题   D. 接入问题

 考核知识点：密码学基础

 难易度：中

 标准答案：A

Jb0708572018 在网络安全中，截取是指未授权的实体得到了资源的访问权，这是对（　　　）。（3分）

 A. 可用性的攻击 B. 完整性的攻击 C. 保密性的攻击 D. 真实性的攻击

 考核知识点：信息安全基础

 难易度：中

 标准答案：C

Jb0708572019　与互联网密钥交换 IKE 有关的框架协议是（　　　　）。（3分）

A. IPSec　　　　　　B. L2F　　　　　　C. PPTP　　　　　　D. GRE

考核知识点： 密码学基础

难易度： 中

标准答案： A

Jb0708572020　网络安全经历了三个发展阶段，（　　　　）不属于这个阶段。（3分）

A. 通信保密阶段　　　B. 加密机阶段　　　C. 信息安全阶段　　　D. 安全保障阶段

考核知识点： 信息安全基础

难易度： 中

标准答案： B

Jb0708572021　在 TCP/IP 协议中，基于 TCP 协议的是（　　　　）。（3分）

A. ICMP　　　　　　B. SMTP　　　　　　C. RIP　　　　　　D. SNMP

考核知识点： 网络基础

难易度： 中

标准答案： B

Jb0708572022　以下关于单模光接口叙述错误的是（　　　　）。（3分）

A. 使用光束波长较短　　　　　　　　　B. 成本较多模高

C. 传输距离远　　　　　　　　　　　　D. 多使用半导体激光器件

考核知识点： 网络基础

难易度： 中

标准答案： A

Jb0708572023　（　　　　）按顺序包括了 OSI 模型的各个层次。（3分）

A. 物理层，数据链路层，网络层，传输层，会话层，表示层和应用层

B. 物理层，数据链路层，网络层，传输层，系统层，表示层和应用层

C. 物理层，数据链路层，网络层，转换层，会话层，表示层和应用层

D. 表示层，数据链路层，网络层，传输层，会话层，物理层和应用层

考核知识点： 网络基础

难易度： 中

标准答案： A

Jb0708572024　主机地址 10.10.10.10/255.255.254.0 的广播地址是多少？（　　　　）（3分）

A. 10.10.10.255　　　B. 10.10.11.255　　　C. 10.10.255.255　　　D. 10.255.255.255

考核知识点： 网络基础

难易度： 中

标准答案： B

Jb0708572025　以下哪个是正确的默认路由（default route）？（　　　　）（3分）

A. route ip 172.0.0.0 255.0.0.0 s0　　　　　B. ip route 0.0.0.0 0.0.0.0 172.16.20.1

C. ip route 0.0.0.0 255.255.255.255 172.16.20.1   D. route ip 0.0.0.0 255.255.255.0 172.16.10.11 50

考核知识点：网络基础

难易度：中

标准答案：B

Jb0708572026 ICMP 报文类型字段为 8、代码字段为 0，代表 ICMP 报文类型为（   ）。（3分）

A. ECHO 请求报文   B. ECHO 应答报文   C. 超时报文   D. 目的不可达报文

考核知识点：网络基础

难易度：中

标准答案：A

Jb0708572027 PPP 协议是一种（   ）协议。（3分）

A. 应用层   B. 传输层   C. 网络层   D. 数据链路层

考核知识点：网络基础

难易度：中

标准答案：D

Jb0708572028 在 DNS 查询中，通常使用的报文是（   ）。（3分）

A. SIP   B. RTP   C. UDP   D. TCP

考核知识点：网络基础

难易度：中

标准答案：C

Jb0708572029 SYN FLOOD 攻击是通过（   ）协议完成的。（3分）

A. UDP   B. TCP   C. IPX/SPX   D. AppleTAlk

考核知识点：信息安全基础

难易度：中

标准答案：B

Jb0708572030 关于防火墙的功能，说法错误的是（   ）。（3分）

A. 所有进出网络的通信流必须经过防火墙

B. 所有进出网络的通信流必须有安全策略的确认和授权

C. 防火墙能保护站点不被任意连接

D. 防火墙可以代替防病毒软件

考核知识点：信息安全基础

难易度：中

标准答案：D

Jb0708572031 HTTP、FTP、SMTP 建立在 OSI 模型的（   ）。（3分）

A. 数据链路层   B. 网络层   C. 传输层   D. 应用层

考核知识点：网络基础

难易度：中

标准答案：D

Jb0708572032 ARP 协议是指将（   ）地址转换成（   ）地址的协议。（3分）

A. IP、端口   B. IP、MAC   C. MAC、IP   D. MAC、端口

考核知识点： 网络基础

难易度： 中

标准答案： B

Jb0708572033 （   ）是服务器用来保存用户登录状态的机制。（3分）

A. Cookie   B. Session   C. TCP   D. SYN

考核知识点： 网络基础

难易度： 中

标准答案： B

Jb0708572034 以下不属于抓包软件的是（   ）。（3分）

A. Sniffer   B. Netscan   C. Wireshark   D. Ethereal

考核知识点： 网络基础

难易度： 中

标准答案： B

Jb0708572035 关于上传漏洞与解析漏洞，下列说法正确的是（   ）。（3分）

A. 两个漏洞没有区别   B. 只要能成功上传就一定能成功解析

C. 从某种意义上来说，两个漏洞相辅相成   D. 上传漏洞只关注文件名

考核知识点： 信息安全基础

难易度： 中

标准答案： C

Jb0708572036 服务器及终端类设备应全面安装（   ），定期进行病毒木马查杀并及时更新病毒库。（3分）

A. 规定安装的桌面管控   B. 规定安装的安全监测软件

C. 规定安装的防病毒软件   D. 检测工具

考核知识点： 规章制度

难易度： 中

标准答案： C

Jb0708573037 数据安全及备份恢复涉及的3个控制点分别是（   ）。（3分）

A. 数据完整性、数据保密性、备份和恢复   B. 数据完整性、数据保密性、不可否认性

C. 数据完整性、不可否认性、备份和恢复   D. 不可否认性、数据保密性、备份和恢复

考核知识点： 信息安全基础

难易度： 难

标准答案： A

Jb0708573038　IP 地址为 199.32.59.64，子网掩码为 255.255.255.224，网段地址为（　　）。（3 分）

A. 199.32.59.64　　　　B. 199.32.59.65　　　　C. 199.32.59.192　　　　D. 199.32.59.224

考核知识点：网络基础

难易度：难

标准答案：A

Jb0708573039　HTML 中是通过 form 标签的（　　）属性决定处理表单的脚本的。（3 分）

A. action　　　　　　B. name　　　　　　C. target　　　　　　D. method

考核知识点：网络基础

难易度：难

标准答案：A

Jb0708573040　BurpSuite 是用于攻击 Web 应用程序的集成平台。它包含了许多工具，并为这些工具设计了许多接口，以促进加快攻击应用程序的过程，以下说法错误的是（　　）。（3 分）

A. BurpSuite 默认监听本地的 8080 端口

B. BurpSuite 默认监听本地的 8000 端口

C. BurpSuite 可以扫描访问过的网站是否存在漏洞

D. BurpSuite 可以抓取数据包破解短信验证码

考核知识点：信息安全基础

难易度：难

标准答案：B

Jb0708573041　下列相应信息属于信息泄露的是（　　）。（3 分）

A. HTTP 响应状态　　　　　　　　　B. Date 字段

C. X-powered-By 字段　　　　　　　D. Content-type 字段

考核知识点：信息安全基础

难易度：难

标准答案：C

Jb0708573042　（　　）设备可以更好地记录企业内部对外的访问以及抵御外部对内部网的攻击。（3 分）

A. IDS　　　　　　B. 防火墙　　　　　　C. 杀毒软件　　　　　　D. 路由器

考核知识点：信息安全基础

难易度：难

标准答案：A

Jb0708573043　基于网络的入侵监测系统的信息源是（　　）。（3 分）

A. 系统的审计日志　　　　　　　　　B. 系统的行为数据

C. 应用程序的事务日志文件　　　　　D. 网络中的数据包

考核知识点：信息安全基础

难易度：难

标准答案：D

Jb0708573044 下列哪项不是网络设备 AAA 的含义？（   ）（3 分）

A. Audition（审计）   B. Authentication（认证）

C. Authorization（授权）   D. Accounting（计费）

考核知识点：信息安全基础

难易度：难

标准答案：A

多 选 题

Jb0708582045 在应用层的各协议中，（   ）协议提供文件传输服务。（5 分）

A. FTP   B. TELNET   C. WWW   D. TFTP

考核知识点：网络基础

难易度：中

标准答案：AD

Jb0708582046 以下为广域网协议的有（   ）。（5 分）

A. PPP   B. Ethernet Ⅱ   C. X.25   D. Frame－Relay

考核知识点：网络基础

难易度：中

标准答案：ACD

Jb0708582047 路由环路问题会引起（   ）。（5 分）

A. 慢收敛   B. 广播风暴   C. 路由器重启   D. 路由不一致

考核知识点：网络基础

难易度：中

标准答案：ABD

Jb0708582048 在以太网中（   ）可以将网络分成多个冲突域，但不能将网络分成多个广播域。（5 分）

A. 网桥   B. 交换机   C. 路由器   D. 集线器

考核知识点：网络基础

难易度：中

标准答案：AB

Jb0708582049 二层网络中的路径环路容易引起网络的（   ）问题。（5 分）

A. 链路带宽增加   B. 广播风暴

C. MAC 地址表不稳定   D. 端口无法聚合

考核知识点：网络基础

难易度：中

标准答案：BC

Jb0708582050　网络通常被分为三种类型：局域网、城域网和广域网。一个网络具体归属于哪一种类型取决于（　　　）。（5分）

A. 网络的规模　　　　　B. 拥有者　　　　　　C. 覆盖的范围　　　　　D. 物理体系结构

考核知识点：网络基础

难易度：中

标准答案：ABCD

Jb0708582051　在 OSI 参考模型中有 7 个层次，提供了相应的安全服务来加强信息系统的安全性，以下哪些层次不提供保密性、身份鉴别、数据完整性服务？（　　　）（5分）

A. 网络层　　　　　　　B. 表示层　　　　　　C. 会话层　　　　　　D. 物理层

考核知识点：网络基础

难易度：中

标准答案：BCD

Jb0708582052　TCP/IP 规定了哪几种特殊意义的地址形式？（　　　）（5分）

A. 网络地址　　　　　　B. 广播地址　　　　　C. 组播地址　　　　　D. 回送地址

考核知识点：网络基础

难易度：中

标准答案：BCD

Jb0708582053　网络层的协议有（　　　）协议。（5分）

A. IP　　　　　　　　　B. ARP　　　　　　　C. ICMP　　　　　　　D. RARP

考核知识点：网络基础

难易度：中

标准答案：ABCD

Jb0708582054　Cookie 分为（　　　）两种。（5分）

A. 本地型 Cookie　　　B. 临时 Cookie　　　C. 远程 Cookie　　　D. 暂态 Cookie

考核知识点：网络基础

难易度：中

标准答案：AB

Jb0708582055　可以获取到系统权限的漏洞有（　　　）。（5分）

A. 命令执行　　　　　B. SQL 注入　　　　C. XSS 跨站攻击　　　D. 文件上传

考核知识点：信息安全基础

难易度：中

标准答案：ABD

Jb0708582056　防火墙透明模式的特点包括（　　　）。（5分）

A. 性能较高　　　　　　　　　　　　　　B. 易于在防火墙上实现 NAT

C. 不需要改变原有网络的拓扑结构　　　　D. 防火墙自身不容易受到攻击

考核知识点：信息安全基础

难易度：中

标准答案：ACD

Jb0708582057 Nmap 可以用于（ ）。（5分）

A. 病毒扫描　　　　　　　　　　　　B. 端口扫描

C. 操作系统与服务指纹识别　　　　　　D. 漏洞扫描

考核知识点：信息安全基础

难易度：中

标准答案：BCD

Jb0708582058 关于"熊猫烧香"病毒，以下说法正确的是（ ）。（5分）

A. 感染操作系统 exe 程序　　　　　　B. 感染 html 网页面文件

C. 利用了 MS06－014 漏洞传播　　　D. 利用了 MS06－041 漏洞传播

考核知识点：病毒基础知识。

难易度：中

标准答案：ABC

Jb0708582059 VPN 按实现层次可分为（ ）。（5分）

A. L2VPN　　　　B. L3VPN　　　　C. VPDN　　　　D. GRE VPN

考核知识点：网络基础

难易度：中

标准答案：ABC

Jb0708582060 防火墙的日志管理应遵循（ ）原则。（5分）

A. 本地保存日志　　　　　　　　　　B. 本地保存日志并把日志保存到日志服务器上

C. 保持时钟的同步　　　　　　　　　D. 在日志服务器保存日志

考核知识点：信息安全基础

难易度：中

标准答案：BC

Jb0708583061 PKI 系统的基本组件包括（ ）。（5分）

A. 终端实体　　　　　　　　　　　　B. 认证机构

C. 注册机构　　　　　　　　　　　　D. 证书撤销列表发布者

考核知识点：密码学基础

难易度：难

标准答案：ABCD

Jb0708583062 主机监控审计可以实现（ ）的功能。（5分）

A. 防止随意安装计算机应用程序导致感染病毒和木马

B. 防止知识产权泄露

C. 防止上网行为混乱

D. 防止访问非法网站行为导致网络泄密

考核知识点：信息安全基础

难易度：难

标准答案：ABCD

Jb0708583063　网络蠕虫病毒越来越多地借助网络作为传播途径，包括（　　）。（5分）

A. 互联网浏览　　　B. 文件下载　　　C. 电子邮件　　　D. 实时聊天工具

考核知识点：病毒基础知识

难易度：难

标准答案：ABCD

Jb0708583064　下一代防火墙需具有下列哪些属性？（　　）（5分）

A. 支持在线 BITW（线缆中的块）配置，同时不会干扰网络运行

B. 可作为网络流量监测与网络安全策略执行的平台

C. 标准的第一代防火墙功能

D. 支持新信息流与新技术的集成路径升级，以应对未来出现的各种威胁

考核知识点：信息安全基础

难易度：难

标准答案：ABCD

Jb0708583065　隔离网闸适用于什么样的场合？（　　）（5分）

A. 网络层边界　　　　　　　B. 涉密网与非涉密网之间

C. 局域网与互联网之间　　　D. 业务网与互联网之间

考核知识点：信息安全基础

难易度：难

标准答案：BCD

Jb0708583066　负载均衡分类有（　　）。（5分）

A. HTTP 重定向负载均衡　　　B. DNS 域名解析负载均衡

C. 反向代理负载均衡　　　　　D. 网络层负载均衡

考核知识点：网络基础

难易度：难

标准答案：ABCD

Jb0708583067　以下属于对服务进行暴力破解的工具有哪些？（　　）（5分）

A. Nmap　　　B. bruter　　　C. sqlmap　　　D. hydra

考核知识点：信息安全基础

难易度：难

标准答案：BD

Jb0708583068　系统加固的主要目的是（　　）。（5分）

A. 降低系统面临的威胁　　　B. 减小系统自身的脆弱性

C. 提高攻击系统的难度　　　D. 减少安全事件造成的影响

考核知识点：信息安全基础

难易度：难

标准答案：BCD

Jb0708583069　以下加密算法中未采用 Hash 算法的是（　　　）。（5分）

A. 3DES
B. MD5
C. RSA
D. AES

考核知识点：密码学基础

难易度：难

标准答案：ACD

Jb0708583070　距离矢量协议包括（　　　）。（5分）

A. RIP
B. BGP
C. IS－IS
D. OSPF

考核知识点：网络基础

难易度：难

标准答案：AB

Jb0708583071　Anti－DDos 的主要防护类型包括（　　　）。（5分）

A. 抗应用型攻击
B. 抗数据型攻击
C. 抗暴力破解
D. 抗流量型攻击

考核知识点：信息安全基础

难易度：难

标准答案：AD

判　断　题

Jb0708591072　在进行基线扫描时不应当影响正常的业务功能。（　　　）（3分）

A. 对
B. 错

考核知识点：信息安全基础

难易度：易

标准答案：A

Jb0708591073　现在市场上比较多的入侵检测产品是基于网络协议的入侵检测系统。（　　　）（3分）

A. 对
B. 错

考核知识点：信息安全基础

难易度：易

标准答案：A

Jb0708591074　计算机病毒也是一种程序，它在某些条件下激活，起干扰破坏作用，并能传染到其他程序。（　　　）（3分）

A. 对
B. 错

考核知识点：病毒基础知识

难易度：易

标准答案：A

Jb0708591075　一旦中了 IE 窗口炸弹,马上按下主机面板上的 Reset 键,可以重启计算机。(　　　)（3分）

　　A. 对　　　　　　　　　　　　　　　　B. 错

考核知识点：病毒基础知识

难易度：易

标准答案：B

Jb0708591076　路由器只应用于广域网,不应用于局域网。(　　　)（3分）

　　A. 对　　　　　　　　　　　　　　　　B. 错

考核知识点：网络基础

难易度：易

标准答案：B

Jb0708591077　一个 IP 地址可同时对应多个域名地址。(　　　)（3分）

　　A. 对　　　　　　　　　　　　　　　　B. 错

考核知识点：网络基础

难易度：易

标准答案：A

Jb0708591078　在路由器中,路由表的路由可以分为动态路由和静态路由。(　　　)（3分）

　　A. 对　　　　　　　　　　　　　　　　B. 错

考核知识点：网络基础

难易度：易

标准答案：A

Jb0708591079　采用 HTTPS 协议可以防止中间人攻击。(　　　)（3分）

　　A. 对　　　　　　　　　　　　　　　　B. 错

考核知识点：网络基础

难易度：易

标准答案：A

Jb0708592080　PKI 是利用公开密钥技术所构建的,解决网络安全问题的,普遍适用的一种基础设施。(　　　)（3分）

　　A. 对　　　　　　　　　　　　　　　　B. 错

考核知识点：密码学基础

难易度：中

标准答案：A

Jb0708592081　RARP 协议是根据 IP 地址查询物理地址。(　　　)（3分）

　　A. 对　　　　　　　　　　　　　　　　B. 错

考核知识点：网络基础

难易度：中

标准答案：B

Jb0708592082　区块链是一种新型的去中心协议，能够安全地存储各种数据，信息不可伪造和篡改，可以自动执行智能合约，无需任何中心机构审核协议。（　　　）（3分）

A．对　　　　　　　　　　　　　　　　　B．错

考核知识点：区块链

难易度：中

标准答案：A

Jb0708592083　SSL协议位于TCP/IP协议与网络层协议之间，为数据通信提供安全支持。（　　　）（3分）

A．对　　　　　　　　　　　　　　　　　B．错

考核知识点：网络基础

难易度：中

标准答案：B

Jb0708592084　VLAN是指在交换局域网的基础上，通过配置交换机创建的可跨越不同网段、不同网络的逻辑网络。（　　　）（3分）

A．对　　　　　　　　　　　　　　　　　B．错

考核知识点：网络基础

难易度：中

标准答案：A

Jb0708592085　云计算模式中用户不需要了解服务器在哪里，不用关心内部如何运作，通过高速互联网就可以透明地使用各种资源。（　　　）（3分）

A．对　　　　　　　　　　　　　　　　　B．错

考核知识点：云计算基础

难易度：中

标准答案：B

Jb0708592086　对称密码体制的特征是加密密钥和解密密钥完全相同。（　　　）（3分）

A．对　　　　　　　　　　　　　　　　　B．错

考核知识点：密码学基础

难易度：中

标准答案：A

Jb0708592087　基于账户名/口令认证是最常用的认证方式。（　　　）（3分）

A．对　　　　　　　　　　　　　　　　　B．错

考核知识点：信息安全基础

难易度：中

标准答案：A

Jb0708592088　网络运营者应当对其收集的用户信息严格保密，并建立健全用户信息保护制度。(　　)（3分）

A. 对　　　　　　　　　　　　　　　　　　B. 错

考核知识点：信息安全基础

难易度：中

标准答案：A

Jb0708592089　根据对报文的封装形式，IPSec可分为主模式和快速模式。(　　　)（3分）

A. 对　　　　　　　　　　　　　　　　　　B. 错

考核知识点：信息安全基础

难易度：中

标准答案：B

Jb0708592090　为防止黑客利用新入职员工进行社会工程学攻击，套取公司秘密信息，需要做到对新入职员工进行相应的考核与审查。(　　　)（3分）

A. 对　　　　　　　　　　　　　　　　　　B. 错

考核知识点：规章制度

难易度：中

标准答案：A

Jb0708592091　ARP协议的主要功能是将物理地址解析为IP地址。(　　　)（3分）

A. 对　　　　　　　　　　　　　　　　　　B. 错

考核知识点：网络基础

难易度：中

标准答案：B

Jb0708592092　当数据在两个VLAN之间传输时，必须使用路由器或三层交换机。(　　　)（3分）

A. 对　　　　　　　　　　　　　　　　　　B. 错

考核知识点：网络基础

难易度：中

标准答案：A

Jb0708592093　缺省路由一定是静态路由。(　　　)（3分）

A. 对　　　　　　　　　　　　　　　　　　B. 错

考核知识点：网络基础

难易度：中

标准答案：A

Jb0708592094　TCP/IP层次结构由网络接口层、网络层、传输层、应用层组成。(　　　)（3分）

A. 对　　　　　　　　　　　　　　　　　　B. 错

考核知识点：网络基础

难易度：中

标准答案：A

Jb0708592095　攻击者可以通过 SQL 注入手段获取其他用户的密码。（　　）（3分）

　　A．对　　　　　　　　　　　　　　　B．错

考核知识点：信息安全基础

难易度：中

标准答案：A

Jb0708592096　网站入侵、网页篡改、网站挂马都是比较典型的 Web 威胁。（　　）（3分）

　　A．对　　　　　　　　　　　　　　　B．错

考核知识点：信息安全基础

难易度：中

标准答案：A

Jb0708592097　通过 Cookie 方法能在不同用户之间共享数据。（　　）（3分）

　　A．对　　　　　　　　　　　　　　　B．错

考核知识点：网络基础

难易度：中

标准答案：B

Jb0708592098　入侵检测和防火墙一样，也是一种被动式防御工具。（　　）（3分）

　　A．对　　　　　　　　　　　　　　　B．错

考核知识点：信息安全基础

难易度：中

标准答案：B

Jb0708593099　SAN 提供给应用主机的就是一块未建立文件系统的"虚拟磁盘"。（　　）（3分）

　　A．对　　　　　　　　　　　　　　　B．错

考核知识点：存储知识基础

难易度：难

标准答案：B

Jb0708593100　访问控制列表（ACL）是一种基于包过滤的访问控制技术。（　　）（3分）

　　A．对　　　　　　　　　　　　　　　B．错

考核知识点：网络基础

难易度：难

标准答案：A

Jb0708593101　UDP 协议的重要特征是数据传输的延迟最短。（　　）（3分）

　　A．对　　　　　　　　　　　　　　　B．错

考核知识点：网络基础

难易度：难

标准答案：B

Jb0708593102　在 Windows 系统中，可以使用 ipconfig/release 命令来释放 DHCP 协议自动获取的 IP 地址。（　　）（3分）

A. 对　　　　　　　　　　　　　　　　B. 错

考核知识点：网络基础

难易度：难

标准答案：A

Jb0708593103　同一个 NAT 网关下的多条规则可以共享一个弹性 IP，不同 NAT 网关下的规则必须使用不同的弹性 IP。（　　）（3分）

A. 对　　　　　　　　　　　　　　　　B. 错

考核知识点：网络基础

难易度：难

标准答案：A

Jb0708593104　如果计算资源高可用的场景下配置了虚拟 IP，且计算资源上部署的应用要访问外网，不可以为虚拟 IP 绑定弹性 IP 实现。（　　）（3分）

A. 对　　　　　　　　　　　　　　　　B. 错

考核知识点：网络基础

难易度：难

标准答案：B

简　答　题

Jb0708531105　攻击密码的方式通常有哪些？（10分）

考核知识点：密码学基础

难易度：易

标准答案：

穷举攻击、统计分析攻击、数学分析攻击。

Jb0708531106　密钥管理的主要内容包括哪些？（10分）

考核知识点：密码学基础

难易度：易

标准答案：

密钥生成、密钥分配、密钥销毁。

Jb0708531107　Hash 算法可应用在哪些方面？（10分）

考核知识点：密码学基础

难易度：易

标准答案：

数字签名、文件校验、鉴权协议、数字加密。

Jb0708531108　攻击者使用恶意代码的主要目的是什么？（10分）

考核知识点：信息安全基础

难易度：易

标准答案：

窃取文件、主机监控、诱骗访问恶意网站、隐藏踪迹。

Jb0708531109　网络管理员能从防火墙中获取什么信息？（10分）

考核知识点：信息安全基础

难易度：易

标准答案：

谁在使用网络，他们在网络上做什么，他们什么时间使用过网络，他们浏览了哪些网站。

Jb0708531110　链路聚合的作用是？（10分）

考核知识点：网络基础

难易度：易

标准答案：

增加链路带宽，可以实现数据的负载均衡，增加了交换机间的链路可靠性。

Jb0708531111　FTP 常用文件传输类型包括哪两个？（10分）

考核知识点：网络基础

难易度：易

标准答案：

ASCII 码类型、二进制类型。

Jb0708531112　主机系统高可用技术工作模式有哪些？（10分）

考核知识点：主机系统

难易度：易

标准答案：

双机热备份方式、双机互备方式、集群方式。

Jb0708531113　蠕虫病毒在进行目标选择时，使用的算法通常有哪些？（10分）

考核知识点：病毒基础知识

难易度：易

标准答案：

随机性扫描、顺序扫描、基于目标列表的扫描。

Jb0708531114　通用入侵检测模型由哪几部分组成？（10分）

考核知识点：信息安全基础

难易度：易

标准答案：

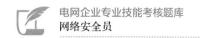

主体、客体、审计记录、活动参数。

Jb0708531115　防火墙使用的主要技术有哪些？（10 分）
考核知识点： 信息安全基础
难易度： 易
标准答案：
简单包过滤技术、状态检测包过滤技术、应用代理技术、复合技术。

Jb0708531116　常见的数据库防护的技术手段主要包括哪些？请至少写出两种。（10 分）
考核知识点： 信息安全基础
难易度： 易
标准答案：
数据库加密、数据库防火墙、数据脱敏。

Jb0708531117　XSS 漏洞可分为哪些？（10 分）
考核知识点： 信息安全基础
难易度： 易
标准答案：
反射型 XSS、存储型 XSS、DOM 型 XSS。

Jb0708531118　一个专业的黑客利用社会工程学可以在扮演安全顾问的同时拿走他想要的数据与信息，甚至能在你的服务器上留下一个后门，为防止社会工程学攻击可采取哪些措施？请至少写出两种。（10 分）
考核知识点： 信息安全基础
难易度： 易
标准答案：
在外部人员完成其工作后，要确保他没有将公司信息拷贝带走；检查相应设备中有没有被留下后门；必要时对外部人员背景进行审查；对外部人员工作过程进行记录。

Jb0708531119　内容过滤的目的包括哪些？请至少写出两种。（10 分）
考核知识点： 信息安全基础
难易度： 易
标准答案：
阻止不良信息对人们的侵害；规范用户的上网行为，提高工作效率；防止敏感数据的泄露；遏止垃圾邮件的蔓延。

Jb0708531120　VPN 技术采用的主要协议有哪些？请至少写出两种。（10 分）
考核知识点： 网络基础
难易度： 易
标准答案：
IPSec、PPTP、L2TP。

Jb0708531121　哪些是 Web 应用防火墙的典型应用场景？请至少写出两种。（10 分）

考核知识点： 信息安全基础

难易度： 易

标准答案：

防网页篡改、电商抢购秒杀防护、0 Day 漏洞爆发防护。

Jb0708531122　什么是 IPS？（10 分）

考核知识点： 信息安全基础

难易度： 易

标准答案：

IPS 即入侵防御系统，既是电脑网络安全设施，也是对防病毒软件和防火墙的补充。入侵防御系统是一部能够监视网络或网络设备的网络资料传输行为的计算机网络安全设备，能够及时地中断、调整或隔离一些不正常或是具有伤害性的网络资料传输行为。

Jb0708531123　写出对于 Linux 系统服务器的 CPU 利用率、内存利用率和硬盘空间检查方法。（10 分）

考核知识点： 主机系统

难易度： 易

标准答案：

CPU 信息 Vmstat 或 top，可以查看 CPU 及内存的使用率等；内存信息 cat/proc/memory 或者 free 查看总内存大小、已使用内存、可用内存、共享内存、磁盘缓存等信息；硬盘信息 fdisk−1 或者 df−1 查看服务器所挂载的硬盘及分区情况，可以查看逻辑分区、硬盘大小、磁面、扇区、磁柱容量、使用情况等。

Jb0708531124　常见的非对称加密算法有哪些？请至少写出两个。（10 分）

考核知识点： 密码学基础

难易度： 易

标准答案：

RSA、Diffie−Hellman、椭圆曲线加密算法、RSA 加密算法。

Jb0708531125　BurpSuite 中用于爆破的模块是什么？（10 分）

考核知识点： 信息安全基础

难易度： 易

标准答案：

Intruder。

Jb0708531126　什么是 TLS 协议？（10 分）

考核知识点： 网络基础

难易度： 易

标准答案：

TLS 用于在两个通信应用程序之间提供保密性和数据完整性，是 SSL 的升级版。该协议由两层组成：TLS 记录协议（TLS Record）和 TLS 握手协议（TLS Handshake）。

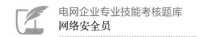

Jb0708531127　VPN 按实现层次可分为哪些？（10 分）

考核知识点：网络基础

难易度：易

标准答案：

L2VPN、L3VPN、VPDN。

Jb0708531128　Linux 系统中查询登录日志的命令是什么？（10 分）

考核知识点：主机系统

难易度：易

标准答案：

Last。

Jb0708531129　Linux 系统中查询操作日志的命令是什么？（10 分）

考核知识点：主机系统

难易度：易

标准答案：

History。

Jb0708532130　路由器有哪些功能？（10 分）

考核知识点：网络基础

难易度：中

标准答案：

地址映射、数据转换、路由选择、协议转换。

Jb0708532131　PPP 协议特点有哪些？（10 分）

考核知识点：网络基础

难易度：中

标准答案：

PPP 支持在同异步链路；PPP 支持身份验证，包括 PAP 验证和 CHAP 验证；PPP 可以对网络地址进行协商，可以对 IP 地址进行动态分配。

Jb0708532132　IPv6 邻居发现协议实现的功能包括哪些？（10 分）

考核知识点：网络基础

难易度：中

标准答案：

地址解析、路由器发现、地址自动配置、地址重复检测。

Jb0708532133　某企业网络管理员需要设置一个子网掩码将其负责的 C 类网络 211.110.10.0 划分为最少 8 个子网，请问可以采用多少位的子网掩码进行划分？（10 分）

考核知识点：网络基础

难易度：中

标准答案：

28、27、2、29。

Jb0708532134　安全防护软件分类有哪些？请至少写出两种。（10分）

考核知识点： 信息安全基础

难易度： 中

标准答案：

系统工具、杀毒软件。

Jb0708532135　NFC最常见的使用场景有哪些？请至少写出两种。（10分）

考核知识点： 信息安全基础

难易度： 中

标准答案：

门禁模拟、刷公交卡、充值公交卡。

Jb0708532136　密码系统包括几方面元素？（10分）

考核知识点： 密码学基础

难易度： 中

标准答案：

明文空间、密文空间、密钥空间、加密算法、解密算法。

Jb0708532137　Web服务器和浏览器主要存在哪些威胁？请写出至少两种。（10分）

考核知识点： 信息安全基础

难易度： 中

标准答案：

浏览器和Web服务器的通信方面存在漏洞，Web服务器的安全漏洞，服务器端脚本的安全漏洞。

Jb0708532138　网络攻击时，前期收集信息的工具有哪些？请写出至少两种。（10分）

考核知识点： 信息安全基础

难易度： 中

标准答案：

Nmap、Xscan、Nslookup。

Jb0708532139　防火墙主要工作在网络的3～4层，其访问控制规则可以基于报文的五元组进行定义，请问五元组包括哪些？（10分）

考核知识点： 信息安全基础

难易度： 中

标准答案：

源端口、目的端口、源地址、目的地址、传输层协议。

Jb0708532140　社会工程学攻击有哪些行为？请至少写出两种。（10分）

考核知识点： 信息安全基础

难易度： 中

标准答案：

利用无人机、望远镜远程观察；在垃圾桶中寻找需要的文件；扮演角色，通过聊天套出重要信息；发送含有恶意病毒、链接的邮件。

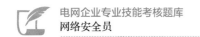

Jb0708532141　网络钓鱼常用的手段有哪些？请至少写出两种。（10分）

考核知识点：信息安全基础

难易度：中

标准答案：

利用垃圾邮件；利用假冒网上银行、网上证券网站；利用虚假的电子商务；利用计算机病毒。

Jb0708532142　在应用层协议中，可协议提供文件传输服务有哪些？（10分）

考核知识点：网络基础

难易度：中

标准答案：

FTP、TFTP。

Jb0708532143　广域网协议有哪些？请至少写出两种。（10分）

考核知识点：网络基础

难易度：中

标准答案：

PPP、X.25、Frame－Relay。

Jb0708532144　路由环路会引起什么问题？请至少写出两种。（10分）

考核知识点：网络基础

难易度：中

标准答案：

慢收敛、广播风暴、路由不一致。

Jb0708532145　网络通常被分为三种类型：局域网、城域网和广域网。网络的类型取决于哪些因素？（10分）

考核知识点：网络基础

难易度：中

标准答案：

网络的规模、拥有者、覆盖的范围、物理体系结构。

Jb0708532146　在OSI参考模型中有7个层次，提供了相应的安全服务来加强信息系统的安全性，哪些层次不能提供保密性、身份鉴别、数据完整性服务？（10分）

考核知识点：网络基础

难易度：中

标准答案：

表示层、会话层、物理层。

Jb0708532147　TCP/IP规定了哪几种特殊意义的地址形式？（10分）

考核知识点：网络基础

难易度：中

标准答案：

广播地址、组播地址、回送地址。

Jb0708532148　网络层有哪些协议？请至少写出两种。（10分）

考核知识点：网络基础

难易度：中

标准答案：

IP、ARP、ICMP、RARP。

Jb0708532149　Cookie 类型可分为哪两种？（10分）

考核知识点：网络基础

难易度：中

标准答案：

本地型 Cookie、临时 Cookie。

Jb0708532150　可以获取系统权限的漏洞有哪些？请至少写出两种。（10分）

考核知识点：信息安全基础

难易度：中

标准答案：

命令执行、SQL 注入、文件上传。

Jb0708532151　Nmap 的功能有哪些？（10分）

考核知识点：信息安全基础

难易度：中

标准答案：

端口扫描、操作系统与服务指纹识别、漏洞扫描。

Jb0708532152　"熊猫烧香"病毒的特点有哪些？请至少写出两点。（10分）

考核知识点：病毒基础知识

难易度：中

标准答案：

感染操作系统 exe 程序、感染 html 网页面文件、利用 MS06－014 漏洞传播。

Jb0708532153　什么技术手段被通常用来防范中间人攻击？（10分）

考核知识点：信息安全基础

难易度：中

标准答案：

数字证书。

Jb0708532154　Linux 系统中的计划任务 crontab 配置文件中的五个星星分别代表什么？（10分）

考核知识点：主机系统

难易度：中

标准答案：

分，时，日，月，星期。

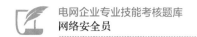

Jb0708533155 NAPT 协议在 OSI 模型哪一层进行信息转换？（10 分）

考核知识点：网络基础

难易度：难

标准答案：

网络层、传输层。

Jb0708533156 小 L 是一名资深网络技术工程师，想要自己独立设计一个比较完美的 IGP 路由协议，希望该路由协议在 Cost 上有较大改进，那么设计该路由协议的 Cost 时要考虑哪些因素？（至少说出两点）（10 分）

考核知识点：网络基础

难易度：难

标准答案：

链路带宽、链路 MTU、链路可信度、链路延迟。

Jb0708533157 在以太网中哪些设备可以将网络分成多个冲突域，但不能将网络分成多个广播域？（10 分）

考核知识点：网络基础

难易度：难

标准答案：

网桥、交换机。

Jb0708533158 PKI 系统的基本组件包括哪些？（10 分）

考核知识点：密码学基础

难易度：难

标准答案：

终端实体、认证机构、注册机构、证书撤销列表发布者。

Jb0708533159 网络蠕虫病毒传播途径有哪些？请至少写出两种。（10 分）

考核知识点：病毒基础知识

难易度：难

标准答案：

文件下载、电子邮件、实时聊天工具。

Jb0708533160 简述 SELinux 的三种工作模式。（10 分）

考核知识点：主机系统

难易度：难

标准答案：

（1）enforcing：强制模式。违反 SELinux 规则的行为将被阻止并记录到日志中。

（2）permissive：宽容模式。违反 SELinux 规则的行为只会记录到日志中，一般为调试用。

（3）disabled：关闭 SELinux。

第二章　网络安全员初级工技能操作

Jc0708543001　交换机基本工作状态检查、基本配置检查、性能检查。（100分）
考核知识点：网络基础
难易度：难

技能等级评价专业技能考核操作工作任务书

一、任务名称
交换机基本工作状态检查、基本配置检查、性能检查。

二、适用工种
网络安全员初级工。

三、具体任务
（1）基本工作状态检查内容全面。
（2）基本配置检查内容全面。
（3）性能检查内容全面。
（4）要求在规定时间内完成。

四、工作规范及要求
根据题目要求进行配置，单人操作完成。

五、考核及时间要求
（1）本考核操作时间为15分钟，时间到停止考评，包括报告整理时间。
（2）问题查找和排除过程中，如确实不能查找出问题，可向考评员申请排除问题，该项问题项目不得分，但不影响其他项目。

技能等级评价专业技能考核操作评分标准

工种	网络安全员			评价等级	初级工
项目模块	网络基础—交换机运行状态检查		编号		Jc0708543001
单位		准考证号		姓名	
考试时限	15分钟	题型	单项操作	题分	100分
成绩		考评员	考评组长	日期	
试题正文	交换机基本工作状态检查、基本配置检查、性能检查				
需要说明的问题和要求	由单人完成交换机运行状态检查、基本工作状态检查、基本配置检查、性能检查				

序号	项目名称	质量要求	满分	扣分标准	扣分原因	得分
1	交换机运行状态检查					
1.1	基本工作状态检查（状态灯、内部工作环境、工作日志、交换机运行时间、硬件配置、端口工作状态）	基本工作状态检查内容全面	30	基本工作状态检查存在遗漏，遗漏1项扣5分，扣完为止		

续表

序号	项目名称	质量要求	满分	扣分标准	扣分原因	得分
1.2	基本配置检查（机器名、时间、NTP 时间设置、口令、远程登录、工作日志配置、SNMP 配置、端口配置、VLAN 配置、TRUNK 配置）	基本配置检查内容全面	30	基本配置检查存在遗漏，遗漏 1 处扣 3 分，扣完为止		
1.3	性能检查（端口流程、CPU 使用情况）	性能检查内容全面	20	性能检查存在遗漏，遗漏 1 处扣 10 分，扣完为止		
		要求在规定时间内完成	20	未在要求在规定时间内完成扣 20 分		
合计			100			

Jc0708543002 路由器基本工作状态检查、基本配置检查、性能检查，路由器运行状态检查。（100 分）

考核知识点： 网络基础

难易度： 难

技能等级评价专业技能考核操作工作任务书

一、任务名称

路由器基本工作状态检查、基本配置检查、性能检查。

二、适用工种

网络安全员初级工。

三、具体任务

（1）基本工作状态检查内容全面。

（2）基本配置检查内容全面。

（3）性能检查内容全面。

（4）要求在规定时间内完成。

四、工作规范及要求

根据题目要求进行配置，单人操作完成。

五、考核及时间要求

（1）本考核操作时间为 15 分钟，时间到停止考评，包括报告整理时间。

（2）问题查找和排除过程中，如确实不能查找出问题，可向考评员申请排除问题，该项问题项目不得分，但不影响其他项目。

技能等级评价专业技能考核操作评分标准

工种	网络安全员				评价等级	初级工
项目模块	网络基础—路由器运行状态检查			编号		Jc0708543002
单位			准考证号		姓名	
考试时限	15 分钟	题型		单项操作	题分	100 分
成绩		考评员		考评组长	日期	
试题正文	路由器基本工作状态检查、基本配置检查、性能检查					

续表

需要说明的问题和要求	独立完成基本工作状态检查、基本配置检查、性能检查					
序号	项目名称	质量要求	满分	扣分标准	扣分原因	得分
1	路由器运行状态检查					
1.1	基本工作状态检查（状态灯、内部工作环境、工作日志、路由器运行时间、硬件配置、端口工作状态）	基本工作状态检查内容全面	30	基本工作状态检查存在遗漏，遗漏1项扣5分，扣完为止		
1.2	基本配置检查（机器名、时间、NTP 时间设置、口令、远程登录、工作日志配置、SNMP配置、端口配置、VLAN配置等）	基本配置检查内容全面	30	基本配置检查存在遗漏，遗漏1处扣3分，扣完为止		
1.3	性能检查（端口流程、CPU 使用情况）	性能检查内容全面	20	性能检查存在遗漏，遗漏1处扣10分，扣完为止		
		要求在规定时间内完成	20	未在要求在规定时间内完成扣 20分		
	合计		100			

第二部分
中级工

第三章 网络安全员中级工技能笔答

单 选 题

Jb0708471001 **关于屏蔽子网防火墙，下列说法错误的是（ ）。（3分）**

A. 屏蔽子网防火墙是几种防火墙类型中最安全的

B. 屏蔽子网防火墙既支持应用级网关也支持电路级网关

C. 内部网对于 Internet 来说是不可见的

D. 内部用户可以不通过 DMZ 直接访问 Internet

考核知识点： 网络基础

难易度： 易

标准答案： D

Jb0708471002 **计算机病毒不能造成（ ）威胁。（3分）**

A. 完整性 　　　　　　B. 有效性 　　　　　　C. 可用性 　　　　　　D. 保密性

考核知识点： 信息安全基础

难易度： 易

标准答案： D

Jb0708471003 **链接克隆的特点是（ ）。（3分）**

A. 链接克隆消耗的数据存储空间比完整克隆多

B. 链接克隆需要的创建时间比完整克隆长

C. 链接克隆用于减少虚拟桌面的补休和更新操作

D. 链接克隆可以从屋里桌面创建

考核知识点： 虚拟技术基础

难易度： 易

标准答案： C

Jb0708471004 **以下各种算法中属于古典加密算法的是（ ）。（3分）**

A. DES 加密算法 　　　　　　　　B. Caesar 替代法

C. Vigenere 算法 　　　　　　　　D. Diffie－Hellman 加密算法

考核知识点： 密码学基础

难易度： 易

标准答案： B

Jb0708471005 **网络中常用的"端口地址"是指（ ）。（3分）**

A. 应用程序在计算机内存中用以存储网络收发数据的特定的内存编号

B. 计算机联网用的网卡中的接口，例如 RJ－45 的特定的编号

C. 网卡与计算机 CPU 通信的输入/出区域的特定的编号

D. 计算机 I/O 编号

考核知识点：主机系统

难易度：易

标准答案：A

Jb0708471006 HTTP 协议默认的 TCP 端口是（　　　）。（3 分）

A. 80　　　　　　　　B. 443　　　　　　　　C. 8080　　　　　　　　D. 1080

考核知识点：网络基础

难易度：易

标准答案：A

Jb0708471007 以下属于 IPS 的功能是（　　　）。（3 分）

A. 检测网络攻击　　　B. 网络流量监测　　　C. 实时异常告警　　　D. 访问控制

考核知识点：网络基础

难易度：易

标准答案：A

Jb0708471008 以下哪个协议用于发现设备的硬件地址？（　　　）（3 分）

A. RARP　　　　　　B. ARP　　　　　　　C. IP　　　　　　　　D. ICMP

考核知识点：网络基础

难易度：易

标准答案：B

Jb0708471009 以下不属于传输层功能的是（　　　）。（3 分）

A. 通过序列号和确认来提供可靠性　　　B. 将上层应用分段

C. 描述网络拓扑结构　　　　　　　　　D. 建立端到端的操作

考核知识点：网络基础

难易度：易

标准答案：C

Jb0708471010 RIP 协议基于（　　　）。（3 分）

A. UDP　　　　　　　B. TCP　　　　　　　C. ICMP　　　　　　　D. Raw IP

考核知识点：网络基础

难易度：易

标准答案：A

Jb0708471011 数据在网络层时，我们称之为（　　　）。（3 分）

A. 段　　　　　　　　B. 包　　　　　　　　C. 位　　　　　　　　D. 帧

考核知识点：网络基础

难易度：易

标准答案：B

Jb0708471012　IP 协议的特征是（　　　）。（3 分）

A. 可靠，面向无连接　　　　　　　　　　B. 不可靠，面向无连接

C. 可靠，面向连接　　　　　　　　　　　D. 不可靠，面向连接

考核知识点：网络基础

难易度：易

标准答案：B

Jb0708471013　DNS 的端口号是（　　　）。（3 分）

A. 21　　　　　　　　B. 23　　　　　　　　C. 53　　　　　　　　D. 80

考核知识点：网络基础

难易度：易

标准答案：C

Jb0708471014　管理信息大区中内外网间使用的是（　　　）隔离装置。（3 分）

A. 正向隔离装置　　　B. 反向隔离装置　　　C. 逻辑强隔离装置　　　D. 防火墙

考核知识点：规章制度

难易度：易

标准答案：C

Jb0708471015　sqlmap 是什么工具？（　　　）（3 分）

A. 信息收集　　　　　B. Webshell　　　　　C. 注入　　　　　　　D. 跨站攻击

考核知识点：信息安全基础

难易度：易

标准答案：C

Jb0708471016　下列哪项不属于计算机病毒感染的特征？（　　　）（3 分）

A. 基本内存不变　　　B. 文件长度增加　　　C. 软件运行速度减慢　　D. 端口异常

考核知识点：信息安全基础

难易度：易

标准答案：A

Jb0708472017　网络安全反向隔离装置取消所有网络功能，并采取无 IP 地址的透明监听方式，支持网络地址（　　　）。（3 分）

A. 加密　　　　　　　B. 转换　　　　　　　C. 解析　　　　　　　D. 跳转

考核知识点：网络基础

难易度：中

标准答案：B

Jb0708472018　以下哪个命令可以查看网卡的中断？（　　　）（3 分）

A. cat/proc/ioports　　　　　　　　　　B. cat/proc/interrupts

C. cat/proc/memoryinfo　　　　　　　　D. which interrupts

考核知识点：网络基础

难易度：中

标准答案：B

Jb0708472019 网络设备或安全设备停运、断网、重启操作前，应确认该设备所承载的业务（　　）。（3分）

A. 有备份　　　　　　B. 可停用或已转移　　C. 正常应用　　　　　　D. 所有系统

考核知识点：规章制度

难易度：中

标准答案：B

Jb0708472020 信息安全管理最关注的是（　　）。（3分）

A. 外部恶意攻击　　B. 病毒对 PC 的影响　C. 内部恶意攻击　　　　D. 病毒对网络的影响

考核知识点：信息安全基础

难易度：中

标准答案：C

Jb0708472021 内杂凑码最好的攻击方式是（　　）。（3分）

A. 穷举攻击　　　　　B. 中途相遇　　　　C. 字典攻击　　　　　　D. 生日攻击

考核知识点：信息安全基础

难易度：中

标准答案：D

Jb0708472022 能将 HTML 文档从 Web 服务器传送到 Web 浏览器的传输协议是（　　）。（3分）

A. FTP　　　　　　　B. HCMP　　　　　C. HTTP　　　　　　　D. ping

考核知识点：网络基础

难易度：中

标准答案：C

Jb0708472023 vSphere 可以解决的可用性难题是（　　）。（3分）

A. 软、硬件升级只能在数小时后实现　　　　B. 无中断的灾难恢复测试

C. 防止虚拟机断电　　　　　　　　　　　　D. 虚拟机可以随时修补

考核知识点：虚拟技术基础

难易度：中

标准答案：B

Jb0708472024 以下哪一种算法产生最长的密钥？（　　）。（3分）

A. Diffe－Hellman　　B. DES　　　　　　C. IDEA　　　　　　　D. RSA

考核知识点：密码学基础

难易度：中

标准答案：D

Jb0708472025 （　　）为两次握手协议，它通过在网络上以明文的方式传递用户名及口令来

对用户进行验证。（3分）

  A. IPCP   B. PAP   C. CHAP   D. RADIUS

  考核知识点：网络基础

  难易度：中

  标准答案：B

  Jb0708472026 DHCP 客户端在申请一个新的 IP 地址之前，使用的初始 IP 地址是（　　　）。（3分）

  A. MAC 地址的前四位   B. 0.0.0.0

  C. 127.0.0.1   D. 255.255.255.255

  考核知识点：网络基础

  难易度：中

  标准答案：B

  Jb0708472027 IP 报文头中固定长度部分为多少字节？（　　　）（3分）

  A. 10   B. 20   C. 30   D. 40

  考核知识点：网络基础

  难易度：中

  标准答案：B

  Jb0708472028 如果 ARP 表没有目的地址的 MAC 地址表项，源站如何找到目的 MAC 地址？（　　　）（3分）

  A. 查找路由表   B. 向全网发送一个广播请求

  C. 向整个子网发送一个广播请求 D. 以上说法都不对

  考核知识点：网络基础

  难易度：中

  标准答案：C

  Jb0708472029 IGP 的作用范围是（　　　）。（3分）

  A. 区域内   B. 局域网内   C. 自治系统内   D. 自然子网范围内

  考核知识点：网络基础

  难易度：中

  标准答案：C

  Jb0708472030 SSL 是（　　　）加密协议。（3分）

  A. 网络层   B. 通信层   C. 传输层   D. 物理层

  考核知识点：网络基础

  难易度：中

  标准答案：C

  Jb0708472031 以下关于 IIS 报错信息含义的描述正确的是（　　　）。（3分）

  A. 401：找不到文件 B. 500：系统错误 C. 404：权限问题   D. 403：禁止访问

  考核知识点：主机系统

  难易度：中

标准答案：D

Jb0708472032 越权漏洞的成因主要是因为（　　　）。（3分）

A. 开发人员在对数据进行增、删、改、查询时，对客户端请求的数据过分相信而遗漏了权限的判定

B. 没有对上传的扩展名进行检查

C. 服务器存在文件名解析漏洞

D. 没有对文件内容进行检查

考核知识点： 信息安全基础

难易度： 中

标准答案： A

Jb0708472033 从文件名判断，最有可能属于 webshell 文件的是（　　　）。（3分）

A. B374k.php　　　　　B. htaccess　　　　　C. Web.config　　　　　D. robots.txt

考核知识点： 信息安全基础

难易度： 中

标准答案： A

Jb0708472034 网络防火墙的主要功能是（　　　）。（3分）

A. VPN 功能　　　　　　　　　　　　B. 网络区域间的访问控制

C. 应用程序监控　　　　　　　　　　D. 应用层代理

考核知识点： 网络基础

难易度： 中

标准答案： B

Jb0708472035 （　　　）是专门用于无线网络攻击的工具。（3分）

A. Aircrack－ng　　　　B. Cain　　　　C. Wireshark　　　　D. Burpsuit

考核知识点： 信息安全基础

难易度： 中

标准答案： A

Jb0708472036 下列哪个是病毒的特性？（　　　）（3分）

A. 不感染、依附性　　　　　　　　　B. 不感染、独立性

C. 可感染、依附性　　　　　　　　　D. 可感染、独立性

考核知识点： 信息安全基础

难易度： 中

标准答案： C

Jb0708472037 省电力公司级以上单位与各下属单位间的网络不可用，影响范围达 80%，且持续时间 2h 以上为（　　　）级信息系统事件。（3分）

A. 五　　　　　　　B. 六　　　　　　　C. 七　　　　　　　D. 八

考核知识点： 规章制度

难易度： 中

标准答案：C

Jb0708472038　六级人身、电网、设备以及信息系统事件由（　　　）单位组织调查。（3分）

A. 公司总部（分部）　　　　　　　　　　B. 省电力公司级

C. 地市供电公司级　　　　　　　　　　　D. 事件发生单位

考核知识点：规章制度

难易度：中

标准答案：B

Jb0708473039　在入侵检测系统中发现入侵者尝试攻击/indexaction 页面，入侵者会用（　　　）方法进行攻击。（3分）

A. Struts 2 漏洞攻击　　　　　　　　　　B. 敏感文件探测

C. 窃听攻击　　　　　　　　　　　　　　D. 拒绝服务攻击

考核知识点：信息安全基础

难易度：难

标准答案：A

Jb0708473040　每个级别的信息系统按照（　　　）进行保护后，信息系统具有相应等级的基本安全保护能力，达到一种基本的安全状态。（3分）

A. 基本要求　　　　　B. 分级要求　　　　　C. 测评准则　　　　　D. 实施指南

考核知识点：规章之地

难易度：难

标准答案：A

Jb0708473041　下列选项中，关于 VLAN 标识的描述不正确的是（　　　）。（3分）

A. 可用于 Ethernet 的 VLAN ID 为 1～1005

B. VLAN 通常用 VLAN 号和 VLAN 名标识

C. VLAN name 用 32 个字符表示，可以是字母或数字

D. IEEE 802.1q 标准规定，VLAN ID 用 12 位表示，可以支持 4096 个 VLAN

考核知识点：网络基础

难易度：难

标准答案：A

Jb0708473042　按照密钥类型，加密算法可以分为（　　　）。（3分）

考核知识点：密码学基础

难易度：难

A. 序列算法和分组算法　　　　　　　　　B. 序列算法和公钥密码算法

C. 公钥密码算法和分组算法　　　　　　　D. 公钥密码算法和对称密码算法

标准答案：D

Jb0708473043　如果使用 ln 命令生成一个指向文件 old 的符号链接 new，如果将文件 old 删除，则文件中的数据（　　　）。（3分）

A. 不可能再访问　　　　　　　　　　　B. 仍然可以访问
C. 能否访问取决于 file2 的所有者　　　　D. 能否访问取决于 file2 的权限
考核知识点：主机系统
难易度：难
标准答案：A

Jb0708473044　密钥使用的主要问题是使用的密钥长度和密钥更新的频率。因此需要进行（　　　　）。（3分）

A. 密钥销毁　　　　B. 密钥存储　　　　C. 密钥更新　　　　D. 密钥完整性校验
考核知识点：密码学基础
难易度：难
标准答案：A

Jb0708473045　网络在物理层互连时要求（　　　　）。（3分）
A. 数据传输率和链路协议都相同　　　　B. 数据传输协议相同，链路协议可不同
C. 数据传输率可不同，链路协议相同　　　D. 数据传输率和链路协议都可不同
考核知识点：网络基础
难易度：难
标准答案：A

Jb0708471046　不属于隧道协议的是（　　　　）。（3分）
A. PPTP　　　　B. L2TP　　　　C. TCP/IP　　　　D. IPSec
考核知识点：网络基础
难易度：易
标准答案：C

Jb0708473047　3 类 UTP 的带宽为 16MHz，而 6 类的 UTP 的带宽可达（　　　　）MHz。（3分）
A. 100　　　　B. 150　　　　C. 200　　　　D. 250
考核知识点：网络基础
难易度：难
标准答案：C

Jb0708473048　国际上负责分配 IP 地址的专业组织划分了几个网段作为私有网段，可以供人们在私有网络上自由分配使用，以下不属于私有地址的网段是（　　　　）。（3分）
A. 10.0.0.0/8　　　B. 172.16.0.0/12　　　C. 192.168.0.0/16　　　D. 224.0.0.0/8
考核知识点：网络基础
难易度：难
标准答案：D

Jb0708473049　当主机发送 ARP 请求时，启动 VRRP 协议的（　　　　）来进行回应。（3分）
A. Master 网关用自己的物理 MAC　　　　B. Master 网关用虚拟 MAC
C. Slave 网关用自己的物理 MAC　　　　D. Slave 网关用虚拟 MAC

考核知识点：网络基础

难易度：难

标准答案：B

Jb0708473050　三层交换机收到数据包后首先进行的操作是（　　　）。（3分）

A. 发送 ARP 请求

B. 上送 ARP 查找路由表获得下一跳地址

C. 根据数据报文中的目的 MAC 地址查找 MAC 地址表

D. 用自己的 MAC 地址替换数据报文的目的 MAC 地址

考核知识点：网络基础

难易度：难

标准答案：C

Jb0708473051　UDP 是传输层重要协议之一，哪一个描述是正确的？（　　　）（3分）

A. 基于 UDP 的服务包括 FTP、HTTP、TELNET 等

B. 基于 UDP 的服务包括 NIS、NFS、NTP 及 DNS 等

C. UDP 的服务具有较高的安全性

D. UDP 的服务是面向连接的，保障数据可靠

考核知识点：网络基础

难易度：难

标准答案：B

Jb0708473052　HTTPS 是一种安全的 HTTP 协议，它使用（　　　）来保证信息安全，使用（　　　）来发送和接收报文。（3分）

A. SSH、UDP 的 443 端口　　　　　　B. SSL、TCP 的 443 端口

C. SSL、UDP 的 443 端口　　　　　　D. SSH、TCP 的 443 端口

考核知识点：网络基础

难易度：难

标准答案：B

Jb0708473053　网络后门的功能是（　　　）。（3分）

A. 保持对目标主机长久控制　　　　　　B. 防止管理员密码丢失

C. 为定期维护主机　　　　　　D. 为防止主机被非法入侵

考核知识点：信息安全基础。

难易度：难

标准答案：A

多　选　题

Jb0708481054　VADP 的三种连接模式中，需要网络连接的模式是（　　　）。（5分）

A. SAN　　　　B. Hot-add　　　　C. NBD　　　　D. NFS

考核知识点：虚拟技术基础

难易度：易

标准答案：BC

Jb0708481055 不属于操作系统自身的安全漏洞的是（   ）。（5分）

A. 操作系统自身存在的"后门"　　　　　　　B. QQ木马病毒

C. 管理员账户设置弱口令　　　　　　　　　D. 电脑中防火墙未作任何访问限制

考核知识点：信息安全基础

难易度：易

标准答案：BCD

Jb0708482056 关于WEP和WPA加密方式的说法中正确的有（   ）。（5分）

A. 802.11B协议中首次提出WPA加密方式

B. 802.11i协议中首次提出WPA加密方式

C. 采用WEP加密方式，只要设置足够复杂的口令就可以避免被破解

D. WEP口令无论多么复杂，都很容易遭到破解

考核知识点：信息安全基础

难易度：中

标准答案：BD

Jb0708482057 在一个子网掩码为255.255.240.0的网络中，（   ）是合法的网络地址。（5分）

A. 150.150.0.0　　　　　　　　　　　　　B. 150.150.0.8

C. 150.150.8.0　　　　　　　　　　　　　D. 150.150.16.0

考核知识点：网络基础

难易度：中

标准答案：AD

Jb0708483058 华为云计算解决方案中使用了多种不同的网络虚拟化技术，下列描述中正确的是（   ）。（5分）

A. 普通虚拟网卡必须要由Domain 0处理网络I/O活动

B. VMDq支持无损热迁移

C. VMDq网卡吞吐量好于SR-IOV

D. SR-IOV技术场景下，支持热迁移、快照

考核知识点：云平台基础

难易度：难

标准答案：AB

判 断 题

Jb0708491059 SMTP服务的默认端口号是23，POP3服务的默认端口号是110。（   ）（3分）

A. 对　　　　　　　　　　　　　　　　　　B. 错

考核知识点：网络基础

难易度：易

标准答案：B

Jb0708491060　对于实时性要求不高的数据交换需求，尽可能采用缓冲技术，降低数据交换的频度。(　　　)（3分）

A. 对　　　　　　　　　　　　　　　　　　B. 错

考核知识点：大数据基础

难易度：易

标准答案：A

Jb0708491061　前滚恢复是版本恢复的一个扩展，使用完整的数据库备份和日志相结合，不可以使一个数据库或者被选择的表空间恢复到某个特定时间点。(　　　)（3分）

A. 对　　　　　　　　　　　　　　　　　　B. 错

考核知识点：数据库基础

难易度：易

标准答案：B

Jb0708491062　在 Tomcat 配置文件 server.xml 中设置 Connection Time out 阈值，其阈值表示登录超时自动退出时间。(　　　)（3分）

A. 对　　　　　　　　　　　　　　　　　　B. 错

考核知识点：中间件基础

难易度：易

标准答案：A

Jb0708491063　WAF 的 WEB 安全功能主要通过 WEB 攻击防护、敏感数据防泄露、网页防篡改来实现。(　　　)（3分）

A. 对　　　　　　　　　　　　　　　　　　B. 错

考核知识点：信息安全基础

难易度：易

标准答案：A

Jb0708491064　MD5 是一种常用的 Hash 算法。(　　　)（3分）

A. 对　　　　　　　　　　　　　　　　　　B. 错

考核知识点：密码学基础

难易度：易

标准答案：A

Jb0708491065　Host－Only 模式其实就是 NAT 模式去除了虚拟 NAT 设备。(　　　)（3分）

A. 对　　　　　　　　　　　　　　　　　　B. 错

考核知识点：虚拟技术基础

难易度：易

标准答案：A

Jb0708491066 可以强制锁定指定次数登录不成功的用户。（   ）（3分）

A. 对   B. 错

考核知识点：信息安全基础

难易度：易

标准答案：A

Jb0708492067 隔离装置按照"保证信息系统功能可用性、系统数据完整性和应急处理响应速度快"的原则，认真执行现场处置方案流程，严格履行工作职责，迅速调动所需信息资源，防止发生由于隔离装置原因导致事故影响范围扩大化。（   ）（3分）

A. 对   B. 错

考核知识点：规章制度

难易度：中

标准答案：A

Jb0708492068 AIDE 是一款 Linux 平台的入侵检测系统，可以监测文件的状态变化。（   ）（3分）

A. 对   B. 错

考核知识点：信息安全基础

难易度：中

标准答案：A

Jb0708492069 LVS-TUN 适合响应和请求不对称的 Web 服务器。（   ）（3分）

A. 对   B. 错

考核知识点：虚拟技术基础

难易度：中

标准答案：A

Jb0708492070 VPN 用户登录到防火墙，通过防火墙访问内部网络时，不受访问控制策略的约束。（   ）（3分）

A. 对   B. 错

考核知识点：网络基础

难易度：中

标准答案：B

Jb0708492071 IPV4 总共有 126 个 A 类地址网络。（   ）（3分）

A. 对   B. 错

考核知识点：网络基础

难易度：中

标准答案：A

Jb0708492072 OSPF 协议采用 IP 协议封装自己的协议数据包，协议号是 89。（   ）（3分）

A. 对   B. 错

考核知识点：网络基础

难易度：中

标准答案：A

Jb0708492073　GRE 协议实际上是一种承载协议，它提供了将一种协议的报文封装在另一种协议报文中的机制，使报文能够在异种网络中传输。（　　　）（3分）

A. 对　　　　　　　　　　　　　　　　B. 错

考核知识点：网络基础

难易度：中

标准答案：A

Jb0708492074　匿名登录 FTP 服务器使用的账户名是 Anonymous。（　　　）（3分）

A. 对　　　　　　　　　　　　　　　　B. 错

考核知识点：主机系统

难易度：中

标准答案：A

Jb0708492075　SQL 注入攻击不会威胁到操作系统的安全。（　　　）（3分）

A. 对　　　　　　　　　　　　　　　　B. 错

考核知识点：信息安全基础

难易度：中

标准答案：B

Jb0708492076　IDS（入侵检测系统）无法检测到 HTTPS 协议的攻击。（　　　）（3分）

A. 对　　　　　　　　　　　　　　　　B. 错

考核知识点：信息安全基础

难易度：中

标准答案：A

Jb0708493077　采用 telnet 进行远程登录维护时，所有发出的命令都是通过明文在网络上传输的。（　　　）（3分）

A. 对　　　　　　　　　　　　　　　　B. 错

考核知识点：网络基础

难易度：难

标准答案：A

Jb0708493078　利用电子邮件引诱用户到伪装网站，以套取用户的个人资料（如信用卡账号），这种欺诈行为是网络钓鱼。（　　　）（3分）

A. 对　　　　　　　　　　　　　　　　B. 错

考核知识点：信息安全基础

难易度：难

标准答案：A

Jb0708493079 通过配置过滤规则，可以设置 OSPF 对接收到的区域内、区域间和自制系统外部的路由进行过滤。没有通过过滤的路由，不能在 OSPF 路由表中被发布出去。(   )（3 分）

A. 对 B. 错

考核知识点：网络基础

难易度：难

标准答案：B

Jb0708493080 Windows、Unix 系统都提供了 ping、netstat、route、netsh 等网络命令。(   )（3 分）

A. 对 B. 错

考核知识点：主机系统

难易度：难

标准答案：B

Jb0708493081 STP 通过阻断网络中存在的冗余链路来消除网络可能存在的路径回环。(   )（3 分）

A. 对 B. 错

考核知识点：信息安全基础

难易度：难

标准答案：A

Jb0708493082 Web 攻击面不仅仅是浏览器中可见的内容。(   )（3 分）

A. 对 B. 错

考核知识点：信息安全基础

难易度：难

标准答案：A

Jb0708493083 XSS 跨站脚本漏洞主要影响的是客户端浏览用户。(   )（3 分）

A. 对 B. 错

考核知识点：信息安全基础

难易度：难

标准答案：A

Jb0708493084 Windows 文件系统中，只有 Administrators 组和 Server Operation 组可以设置和去除共享目录，并且可以设置共享目录的访问权限。(   )（3 分）

A. 对 B. 错

考核知识点：主机系统

难易度：难

标准答案：B

简 答 题

Jb0708431085 网络延迟定义了网络把数据从一个网络节点传送到另一个网络节点所需要的时

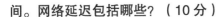

间。网络延迟包括哪些？（10分）

考核知识点：网络基础

难易度：易

标准答案：

传播延迟PD、交换延迟SD、介质访问延迟AD、队列延迟QD。

Jb0708431086 国家支持网络运营者之间在网络安全信息哪几方面进行合作，以提高网络运营者的安全保障能力？（10分）

考核知识点：规章制度

难易度：易

标准答案：

应急处置、通报、收集、分析。

Jb0708431087 数据库恢复的方式有哪些？（10分）

考核知识点：数据库基础

难易度：易

标准答案：

应急恢复、版本恢复、前滚恢复。

Jb0708431088 请简述XSS跨站脚本攻击。（10分）

考核知识点：信息安全基础

难易度：易

标准答案：

跨站脚本攻击，分为反射型和存储型两种类型。XSS攻击，一共涉及三方，即攻击者、客户端与网站，XSS攻击最常用的攻击方式就是通过脚本盗取用户端Cookie，从而进一步进行攻击；XSS跨站脚本，是一种迫使Web站点回显可执行代码的攻击技术，这些可执行代码由攻击者提供，最终被用户浏览器加载。

Jb0708431089 E-R图的基本要素有哪些？请至少写出两种（10分）

考核知识点：数据库基础

难易度：易

标准答案：

实体性、属性、联系。

Jb0708431090 常用Web漏洞扫描工具有哪些？请至少写出三种。（10分）

考核知识点：扫描攻击

难易度：易

标准答案：

AWVS、Nikto、BurpSuite、nessus、Nnamp。

Jb0708431091 发现感染计算机病毒后，应采取哪些措施？（10分）

考核知识点：信息安全基础

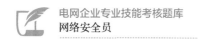
难易度：易

标准答案：

断开网络；使用杀毒软件检测、清除；如果不能清除，将样本上报国家计算机病毒应急处理中心。

Jb0708431092　请简述 sqlmap 功能。（10 分）

考核知识点：数据库基础

难易度：易

标准答案：

sqlmap 支持 MySQL 数据库注入猜解，sqlmap 支持 DB2 数据库注入猜解，sqlmap 支持 sqlite 数据库注入猜解。

Jb0708431093　防范 XSS 攻击的措施有哪些？请至少写出两种。（10 分）

考核知识点：信息安全基础

难易度：易

标准答案：

应尽量手工输入 URL 地址；网站管理员应注重过滤特殊字符，限制输入长度，在代码层面上杜绝 XSS 漏洞出现的可能性；不要随意点击别人留在论坛留言板里的链接；不要打开来历不明的邮件、邮件附件、帖子等。

Jb0708431094　病毒自启动方式一般有哪些？（10 分）

考核知识点：病毒基础知识

难易度：易

标准答案：

修改注册表，将自身添加为服务，将自身添加到启动文件夹。

Jb0708431095　哪些工具可以进行 SQL 注入攻击？请至少写出两种。（10 分）

考核知识点：信息安全基础

难易度：易

标准答案：

Pangolin、sqlmap。

Jb0708431096　在 OSPF 网络同一区域（区域 A）内，路由器的特性有哪些？（10 分）

考核知识点：网络基础

难易度：易

标准答案：

每台路由器根据该最短路径树计算出的路由都是相同的，每台路由器区域 A 的 LSDB 都是相同的。

Jb0708431097　防火墙无法防御哪些攻击？请至少写出两种。（10 分）

考核知识点：网络基础

难易度：易

标准答案：

跨站脚本攻击、后门木马。

Jb0708431098　**请简单描述 BGP 路由协议。**（10 分）

考核知识点： 网络基础

难易度： 易

标准答案：

BGP 的域内仍然要求运行 IGP，BGP 是一种距离矢量路由协议。

Jb0708431099　**Windows 系统中的审计日志有哪些？请至少写出两种。**（10 分）

考核知识点： 主机系统

难易度： 易

标准答案：

系统日志（System Log）、安全日志（Security Log）、应用程序日志（Applications Log）。

Jb0708431100　**TCP/IP 协议栈中互连层的主要功能是什么？**（10 分）

考核知识点： 网络基础

难易度： 易

标准答案：

检查网络拓扑，确定报文传输的最佳路由，实现数据转发；提供分组路由避免拥塞等措施。

Jb0708431101　**Nmap 有哪些基本功能？**（10 分）

考核知识点： 信息安全基础

难易度： 易

标准答案：

主机发现（Host Discovery）、端口扫描（Port Scanning）、版本侦测（Version Detection）、操作系统侦测（Operating System Detection）。

Jb0708431102　**WAF 安装位置应如何选择？**（10 分）

考核知识点： 网络基础

难易度： 易

标准答案：

如果有防火墙，则装在防火墙之后；若无防火墙，则安装在 Web 服务器之前。

Jb0708431103　**CSRF 是什么？**（10 分）

考核知识点： 信息安全基础

难易度： 易

标准答案：

跨站请求伪造（cross-site request forgery，CSRF），也被称为 one-click attack 或者 session riding，通常缩写为 CSRF 或者 XSRF，是一种挟制用户在当前已登录的 Web 应用程序上执行非本意的操作的攻击方法。

Jb0708431104　**XML 由哪 3 个部分组成？**（10 分）

考核知识点： 信息安全基础

难易度： 易

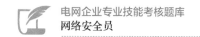
标准答案:

文档类型定义（document type definition，DTD）、可扩展的样式语言（extensible style language，XSL）、可扩展链接语言（extensible link language，XLL）。

Jb0708431105 什么是撞库攻击？（10分）

考核知识点：信息安全基础

难易度：易

标准答案：

撞库攻击是黑客通过收集互联网已泄露的用户和密码信息，生成对应的字典表，尝试批量登录其他网站后，得到一系列可以登录的用户账号。很多用户在不同网站使用的是相同的账号密码，因此黑客可以通过获取用户在 A 网站的账户从而尝试登录 B 网址，这就是撞库攻击。

Jb0708431106 Cookie 的作用是什么？（10分）

考核知识点：信息安全基础

难易度：易

标准答案：

Cookie 最常用于跟踪网站活动。当您访问某些网站时，服务器会为您提供充当您身份证的 Cookie。每次返回访问该站点后，您的浏览器都会将该 Cookie 传递服务器，服务器则以使用 Cookie 来提供个性化网页。

Jb0708431107 Linux 系统中安全日志在哪个目录下？（10分）

考核知识点：主机系统

难易度：易

标准答案：/var/log/secure

Jb0708431108 简述信息安全的三个基本属性。（10分）

考核知识点：信息安全基础

难易度：易

标准答案：

信息安全包括了保密性、完整性和可用性三个基本属性：

（1）保密性——Confidentiality，确保信息在存储、使用、传输过程中不会泄露给非授权的用户或者实体。

（2）完整性——Integrity，确保信息在存储、使用、传输过程中不被非授权用户篡改，防止授权用户对信息进行不恰当的篡改，保证信息的内外一致性。

（3）可用性——Availability，确保授权用户或者实体对于信息及资源的正确使用不会被异常拒绝，允许其可能而且及时地访问信息及资源。

Jb0708431109 信息网络出现哪些情况为五级信息系统事件？（10分）

考核知识点：规章制度

难易度：易

标准答案：

省电力公司级以上单位本地信息网络不可用，且持续时间 8h 以上；地市供电公司级单位本地信息网络不可用,且持续时间 16h 以上;县供电公司级单位本地信息网络不可用,且持续时间 32h 以上。

Jb0708432110　攻击中快速判断目标站是 Windows 还是 Linux 服务器的要素是什么?（10 分）

考核知识点:主机系统

难易度:中

标准答案:

Linux 对大小写敏感,Windows 对大小写不敏感。

Jb0708432111　Comware 有哪些特点?（10 分）

考核知识点:网络基础

难易度:中

标准答案:

支持 IPv4 和 IPv6 双协议;支持多 CPU、路由和交换功能融合;具有高可靠性和弹性拓展;具有灵活的裁减和定制功能。

Jb0708432112　路由器系统的启动过程有哪些?（10 分）

考核知识点:网络基础

难易度:中

标准答案:

内存检测、启动 Bootrom、应用程序解压、应用程序加载。

Jb0708432113　VLAN 划分的方法包括哪些?（10 分）

考核知识点:网络基础

难易度:中

标准答案:

基于端口的划分、基于 MAC 地址的划分、基于网络层协议的划分、基于 IP 组播划分、按策略划分、按用户定义划分。

Jb0708432114　根据交换机处理 VLAN 数据帧的方式不同,H3C 以太网交换机的端口类型分为哪三种?（10 分）

考核知识点:网络基础

难易度:中

标准答案:

access 端口、trunk 端口、hybrid 端口。

Jb0708432115　云安全主要考虑的关键技术有哪些?（10 分）

考核知识点:信息安全基础

难易度:中

标准答案:

数据安全、应用安全、虚拟化安全。

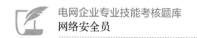

Jb0708432116 在 IEEE 802 局域网标准中，定义了 OSI 模型的哪两层？（10 分）

考核知识点：网络基础

难易度：中

标准答案：

物理层、数据链路层。

Jb0708432117 请简述 CA 认证中心的作用。（10 分）

考核知识点：信息安全基础

难易度：中

标准答案：

CA 认证中心负责证书的颁发和管理，并依靠证书证明用户的身份。

Jb0708432118 路由器的接口技术有哪些？请至少写出两种。（10 分）

考核知识点：网络基础

难易度：中

标准答案：

路由器配置接口、广域网接口、局域网接口。

Jb0708432119 在配置帧中继子接口时，可配的子接口类型有哪些？请至少写出两种。（10 分）

考核知识点：网络基础

难易度：中

标准答案：

Point－to－Point、Point－to－Multipoint。

Jb0708432120 计算机寻址方式有哪些？请至少写出两种。（10 分）

考核知识点：主机系统

难易度：中

标准答案：

直接寻址、间接寻址、变址寻址。

Jb0708432121 请简述堡垒机的原理。（10 分）

考核知识点：信息安全基础

难易度：中

标准答案：

通过切断终端计算机对网络和服务器资源的直接访问，而采用协议代理的方式，接管了终端计算机对网络和服务器的访问。

Jb0708432122 随着网络技术的不断发展，防火墙也在完成自己的更新换代。防火墙所经历的技术演进包括哪些？（10 分）

考核知识点：网络基础

难易度：中

标准答案：

包过滤防火墙、应用代理防火墙、状态监测防火墙。

Jb0708432123　sqlmap 命令参数注解有哪些？（10 分）
考核知识点：信息安全基础
难易度：中

标准答案：
（1）--dbs：列出所有数据库。
（2）--current－db：列出网站当前数据库。
（3）--current－user：列出当前数据库用户。

Jb0708432124　隐写常用的工具有哪些？请至少写出两种。（10 分）
考核知识点：信息安全基础
难易度：中
标准答案：
Stegdetect、Outguess、Mp3stego。

Jb0708432125　网络的复杂性包括哪些？请至少写出两点。（10 分）
考核知识点：网络基础
难易度：中
标准答案：
数据流通量越来越大，各种联网设备，多种协议，多种网络业务。

Jb0708432126　防火墙有哪些部署方式？（10 分）
考核知识点：网络基础
难易度：中
标准答案：
透明模式、路由模式、混合模式。

Jb0708432127　默认情况下,哪些文件可以被 IIS6.0 当成 ASP 程序解析执行？请至少写出两种。（10 分）
考核知识点：中间件基础
难易度：中
标准答案：
123.asp、456.asp。

Jb0708432128　用户数据报协议（UDP）的功能有哪些？请至少写出两点。（10 分）
考核知识点：网络基础
难易度：中
标准答案：
系统开销低、无连接。

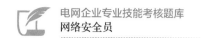

Jb0708432129　在对隐写文件分析时会用到哪些工具？请至少写出两种。（10分）

考核知识点：信息安全基础

难易度：中

标准答案：

StegSolve、binwalk、WinHex、foremost。

Jb0708432130　负载均衡常用的代理是什么。（10分）

考核知识点：网络基础

难易度：中

标准答案：

Nginx、LVS、HAProxy。

Jb0708432131　基于 TCP 协议的有哪些？请至少写出两种。（10分）

考核知识点：网络基础

难易度：中

标准答案：

BGP、Telnet、FTP。

Jb0708432132　在路由器中，如果去往同一目的地有多条路由，则决定最佳路由的因素有哪些？（10分）

考核知识点：网络基础

难易度：中

标准答案：

路由的优先级、路由的 metric 值。

Jb0708432133　请简述 NAT。（10分）

考核知识点：网络基础

难易度：中

标准答案：

NAT 是英文"地址转换"的缩写；地址转换又称地址代理，用来实现私有地址与公用网络地址之间的转换；地址转换的提出为解决 IP 地址紧张的问题提供了一个有效途径。

Jb0708432134　请简述 OSPF 协议的含义及优点。（10分）

考核知识点：网络基础

难易度：中

标准答案：

OSPF 协议在计算区域间路由和自治系统外路由时使用的是距离矢量算法；OSPF 能够保证在计算区域内路由时没有路由自环产生。

Jb0708432135　PHP 网站可能存在的安全问题有哪些？请至少写出两种。（10分）

考核知识点：信息安全基础

难易度：中

标准答案：

代码执行、SQL 注入、CSRF、文件包含。

Jb0708432136 **安全浏览网页的做法有哪些？请至少写出两种。（10 分）**

考核知识点： 信息安全基础

难易度： 中

标准答案：

定期清理浏览器缓存和上网历史记录，禁止使用 Active X 控件和 Java 脚本，定期清理浏览器 Cookies。

Jb0708432137 **应用层防火墙的特点有哪些？（10 分）**

考核知识点： 网络基础

难易度： 中

标准答案：

更有效地阻止应用层攻击，工作在 OSI 模型的第七层，方便进行审计。

Jb0708432138 **公钥的分配方法有哪些？（10 分）**

考核知识点： 密码学基础

难易度： 中

标准答案：

公用目录表、公钥管理机构、公钥证书。

Jb0708432139 **常见的网络攻击类型有哪些？请至少写出两种。（10 分）**

考核知识点： 信息安全基础

难易度： 中

标准答案：

被动攻击、主动攻击。

Jb0708432140 **在一个运行 OSPF 的自治系统之内的要求有哪些？（10 分）**

考核知识点： 网络基础

难易度： 中

标准答案：

骨干区域自身也必须连通，必须存在一个骨干区域（区域号为 0），非骨干区域与骨干区域必须直接相连或逻辑上相连。

Jb0708432141 **SQL 注入攻击，除了注入 select 语句外，还可以注入哪些语句？请至少写出两种。（10 分）**

考核知识点： 信息安全基础

难易度： 中

标准答案：

delecte 语句、insert 语句、update 语句。

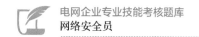

Jb0708432142　简述对称密钥密码体制的特点。（10分）

考核知识点：密码学基础

难易度：中

标准答案：

对称密钥密码体制，解密算法是加密算法的逆运算，加密密钥和解密密钥相同。它保密强度高但开放性差，要求发送者和接收者在安全通信之前有可靠的密钥信道传递密钥，而此密钥也必须妥善保管。

Jb0708433143　MSTP 的特点有哪些？（10分）

考核知识点：网络基础

难易度：难

标准答案：

MSTP 兼容 STP 和 RSTP；MSTP 把一个交换网络划分成多个域，每个域内形成多棵生成树，生成树间彼此独立；MSTP 将环路网络修剪成为一个无环的树型网络，避免报文在环路网络中的增生和无限循环，同时还可以提供数据转发的冗余路径，在数据转发过程中实现 VLAN 数据的负载均衡。

Jb0708433144　与传统的 LAN 相比，VLAN 具有以下哪些优势？（10分）

考核知识点：网络基础

难易度：难

标准答案：

减少移动和改变的代价；建立虚拟工作组，使用户不受物理设备的限制，VLAN 用户可以处于网络中的任何地方；限制广播包；提高带宽的利用率、增强通信的安全性、增强网络的健壮性。

Jb0708433145　逻辑漏洞的修复方案有哪些？（10分）

考核知识点：信息安全基础

难易度：难

标准答案：

减少验证码有效时间；对重要参数加入验证码同步信息或时间戳；重置密码后，新密码不应返回到数据包中；限制该功能单个 IP 提交频率。

Jb0708433146　Linux 配置网络可用哪些方法？请至少写出两种。（10分）

考核知识点：主机系统

难易度：难

标准答案：

ifconfig 命令、nm－connection－editor、nmtui、修改网卡配置文件。

Jb0708433147　MongoDB 弱口令访问漏洞的加固方法有哪些？（10分）

考核知识点：信息安全基础

难易度：难

标准答案：

为 MongoDB 添加认证，禁用 HTTP 和 REST 端口，限制绑定 IP，更改默认端口。

Jb0708433148　二层以太网交换机与集线器相比，具备哪些优势？（10分）

考核知识点：网络基础

难易度：难

标准答案：

基于 MAC 地址过滤帧，允许帧同时传输。

Jb0708433149　在 OSI 参考模型中，表示层的功能有哪些？（10分）

考核知识点：网络基础

难易度：难

标准答案：

数据加密、数据压缩、数据格式转换。

Jb0708433150　TCP 是面向连接的可靠的传输层协议，哪些机制可用来保障传输的可靠性？请至少写出两种。（10分）

考核知识点：网络基础

难易度：难

标准答案：

确认机制、重传机制。

Jb0708433151　网页防篡改技术包括哪些？（10分）

考核知识点：信息安全基础

难易度：难

标准答案：

时间轮询技术、核心内嵌技术、事件触发技术、文件过滤驱动技术。

Jb0708433152　APP 源码安全漏洞主要有哪些？请至少写出两种。（10分）

考核知识点：信息安全基础

难易度：难

标准答案：

代码混淆漏洞、Dex 保护漏洞、so 保护漏洞、调试设置漏洞。

Jb0708433153　生成树算法根据配置消息提供的信息，通过哪些措施避免环路？请至少写出两种。（10分）

考核知识点：网络基础

难易度：难

标准答案：

为每个非根桥选择一个根端口；为每个物理网段选出离根桥最近的那个网桥作为指定网桥；既不是指定端口又不是根端口的端口置于阻塞状态。

Jb0708433154　解决路由环路的方法有哪些？请至少写出两种。（10分）

考核知识点：网络基础

难易度：难

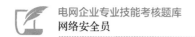
标准答案：

水平分割、抑制时间、毒性逆转、触发更新。

Jb0708431155　XSS 通常被分为哪三个类型？（10 分）

考核知识点： 信息安全基础

难易度： 易

标准答案：

持久型跨站、非持久型跨站、DOM 跨站（DOM XSS）。

第四章　网络安全员中级工技能操作

Jc0708442001　配置 Linux 计划任务。（100 分）
考核知识点： 主机基础
难易度： 中

技能等级评价专业技能考核操作工作任务书

一、任务名称

配置 Linux 计划任务。

二、适用工种

网络安全员中级工。

三、具体任务

（1）管理员登录。

（2）配置 crond 服务。

四、工作规范及要求

根据题目要求进行配置，单人操作完成。

五、考核及时间要求

（1）本考核操作时间为 30 分钟，时间到停止考评，包括报告整理时间。

（2）问题查找和排除过程中，如确实不能查找出问题，可向考评员申请排除问题，该项问题项目不得分，但不影响其他项目。

技能等级评价专业技能考核操作评分标准

工种	网络安全员				评价等级	中级工
项目模块	主机基础—Linux 计划任务管理		编号		Jc0708442001	
单位			准考证号		姓名	
考试时限	30 分钟	题型		单项操作	题分	100 分
成绩		考评员		考评组长	日期	
试题正文	配置 Linux 计划任务					
需要说明的问题和要求	独立完成 Linux 主机管理员登录及 crond 服务配置					

序号	项目名称	质量要求	满分	扣分标准	扣分原因	得分
1	Linux 计划任务管理					
1.1	管理员登录	以管理员账号登录服务器	5	未使用管理员账户登录，扣 5 分		
1.2	配置 crond 服务	配置 crond 服务，按照任务描述要求进行服务配置	95	crond 服务未启动扣 45 分，任务未配置成功扣 50 分		
	合计		100			

Jc0708442002　使用 Appscan 扫描网站漏洞。（100 分）

考核知识点：网络安全基础

难易度：中

技能等级评价专业技能考核操作工作任务书

一、任务名称

使用 Appscan 扫描网站漏洞。

二、适用工种

网络安全员中级工。

三、具体任务

（1）客户端安装。

（2）扫描 HTTP 的 Web 系统。

（3）扫描 HTTPS 的 Web 系统。

（4）扫描非 80、443 端口的 Web 业务系统。

（5）形成漏洞测试报告。

四、工作规范及要求

根据题目要求进行配置，单人操作完成。

五、考核及时间要求

（1）本考核操作时间为 30 分钟，时间到停止考评，包括报告整理时间。

（2）问题查找和排除过程中，如确实不能查找出问题，可向考评员申请排除问题，该项问题项目不得分，但不影响其他项目。

技能等级评价专业技能考核操作评分标准

工种	网络安全员				评价等级	中级工
项目模块	网络安全基础—使用 Appscan 扫描网站漏洞			编号		Jc0708442002
单位			准考证号		姓名	
考试时限	30 分钟	题型		单项操作	题分	100 分
成绩		考评员		考评组长	日期	
试题正文	使用 Appscan 扫描网站域名和 IP 地址发现漏洞，并形成漏洞检测报告					
需要说明的问题和要求	要求单人操作完成，安装 Appscan 并扫描 Web，要求完成从客户端安装配置、设置扫描任务、形成漏洞检测报告					

序号	项目名称	质量要求	满分	扣分标准	扣分原因	得分
1	客户端安装	在 PC 客户端上安装配置 Appscan 程序	10	未安装成功，扣 10 分		
2	扫描 HTTP 的 Web 系统	通过指定 URL 和端口扫描 Web 漏洞	20	未完成扫描，扣 20 分		
3	扫描 HTTPS 的 Web 系统	通过指定 URL 和端口扫描 Web 漏洞	20	未完成扫描，扣 20 分		
4	非 80、443 端口的 Web 业务系统	通过指定 URL 和端口扫描 Web 漏洞	20	未完成扫描，扣 20 分		
5	形成漏洞测试报告	能够完整形成 HTTP、HTTPS、非 80 和 443 端口的业务系统漏洞检测报告并上传	30	未形成检测报告，少一份扣 10 分，扣完为止		
	合计		100			

Jc0708443003 交换机基本配置。（100分）

考核知识点：网络基础

难易度：难

技能等级评价专业技能考核操作工作任务书

一、任务名称

交换机基本配置。

二、适用工种

网络安全员中级工。

三、具体任务

（1）交换机基本配置。

（2）配置交换机管理 IP 地址 193.168.0.11/24。

（3）配置 PC1 的 IP 地址 193.168.0.21/24，默认网关地址 193.168.0.1。

（4）配置 PC2 的 IP 地址 193.168.0.22/24，默认网关地址 193.168.0.1。

四、工作规范及要求

根据题目要求进行配置，单人操作完成。

五、考核及时间要求

（1）本考核操作时间为 30 分钟，时间到停止考评，包括报告整理时间。

（2）问题查找和排除过程中，如确实不能查找出问题，可向考评员申请排除问题，该项问题项目不得分，但不影响其他项目。

技能等级评价专业技能考核操作评分标准

工种	网络安全员			评价等级	中级工
项目模块	网络基础—交换机基本配置		编号		Jc0708443003
单位		准考证号		姓名	
考试时限	30 分钟	题型	单项操作	题分	100 分
成绩		考评员	考评组长	日期	
试题正文	交换机基本配置				
需要说明的问题和要求	独立完成交换机相关配置及 PC 配置				

序号	项目名称	质量要求	满分	扣分标准	扣分原因	得分
1	交换机基本配置					
1.1	配置交换机管理 IP 地址 193.168.0.11/24	能正确配置交换机管理 IP 地址	25	交换机管理 IP 地址配置错误，扣25分		
1.2	配置交换机默认网关地址 193.168.0.1	能正确配置交换机默认网关地址	25	交换机默认网关地址配置错误，扣25分		
1.3	配置 PC1 的 IP 地址 193.168.0.21/24，默认网关地址 193.168.0.1	能正确配置 PC 机的 IP 地址、默认网关地址	25	PC1 的 IP 地址配置错误，扣25分		
1.4	配置 PC2 的 IP 地址 193.168.0.22/24，默认网关地址 193.168.0.1	能正确配置 PC 机的 IP 地址、默认网关地址	25	PC2 的 IP 地址配置错误，扣25分		
	合计		100			

Jc0708443004 路由器静态路由配置。（100分）

考核知识点： 网络基础
难易度： 难

技能等级评价专业技能考核操作工作任务书

一、任务名称

路由器静态路由配置。

二、适用工种

网络安全员中级工。

三、具体任务

（1）内部网之间通过静态路由实现内网各网段 10.1.1.0/24、10.1.2.0/24、192.168.1.0/24、192.168.2.0/24 的相互通信。

（2）R1 以太口 Ethernet 0/0/0 的 IP 地址：192.168.1.254，R1 串口 Serial 0/0/0 的 IP 地址：10.1.1.1。

（3）R2 串口 Serial 0/0/0 的 IP 地址：10.1.1.2，R2 串口 Serial 0/0/1 的 IP 地址：10.1.2.1。

（4）R3 以太口 Ethernet 0/0/0 的 IP 地址：192.168.1.254，R3 串口 Serial 0/0/0 的 IP 地址：10.1.2.2。

（5）PC1 的 IP 地址：192.168.1.1，网关地址：192.168.1.254。

（6）PC2 的 IP 地址：192.168.2.1，网关地址：192.168.2.254。

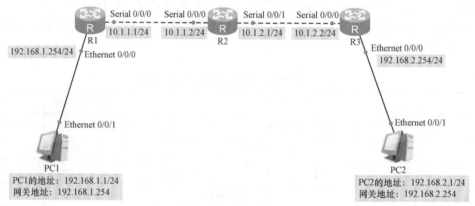

图 Jc0708443004

四、工作规范及要求

根据题目要求进行配置，单人操作完成。

五、考核及时间要求

（1）本考核操作时间为 30 分钟，时间到停止考评，包括报告整理时间。

（2）问题查找和排除过程中，如确实不能查找出问题，可向考评员申请排除问题，该项问题项目不得分，但不影响其他项目。

技能等级评价专业技能考核操作评分标准

工种	网络安全员			评价等级	中级工
项目模块	网络基础—路由器静态路由配置		编号		Jc0708443004
单位		准考证号		姓名	
考试时限	30 分钟	题型	单项操作	题分	100 分
成绩		考评员		考评组长	日期

续表

试题正文	路由器静态路由配置					
需要说明的问题和要求	由单人完成路由器静态路由配置及相关要求					
序号	项目名称	质量要求	满分	扣分标准	扣分原因	得分
1	路由器静态路由配置					
1.1	内部网之间通过静态路由实现内网各网段10.1.1.0/24、10.1.2.0/24、192.168.1.0/24、192.168.2.0/24 的相互通信	能正确配置静态路由，实现各网段的互联互通	55	未实现内网各网段相互通信，扣55 分		
1.2	R1 以太口 Ethernet 0/0/0 的 IP 地址：192.168.1.254，R1 串口 Serial 0/0/0 的 IP 地址：10.1.1.1	能正确配置路由器以太口的 IP 地址	15	R1 以太口 F0 的 IP 地址错误，扣15 分		
1.3	R2 串口 Serial 0/0/0 的 IP 地址：10.1.1.2，R2 串口 Serial 0/0/1 的 IP 地址：10.1.2.1	能正确配置路由器串口的 IP 地址	15	R1 串口 S0 的 IP 地址错误，扣 15 分		
1.4	R3 以太口 Ethernet 0/0/0 的 IP 地址：192.168.1.254，R3 串口 Serial 0/0/0 的 IP 地址：10.1.2.2	能正确配置路由器串口的 IP 地址	15	R1 串口 S1 的 IP 地址错误，扣 15 分		
	合计		100			

Jc0708443005 WAF 配置。（100 分）

考核知识点： 网络基础

难易度： 难

技能等级评价专业技能考核操作工作任务书

一、任务名称

WAF 配置。

二、适用工种

网络安全员中级工。

三、具体任务

（1）创建向导模式站点组。

（2）配置 HTTP 站点。

（3）生成向导模式下的默认策略。

10.24.37.99

图 Jc0708443005

四、工作规范及要求

根据题目要求进行配置，单人操作完成。

五、考核及时间要求

（1）本考核操作时间为 30 分钟，时间到停止考评，包括报告整理时间。

（2）问题查找和排除过程中，如确实不能查找出问题，可向考评员申请排除问题，该项问题项目不得分，但不影响其他项目。

技能等级评价专业技能考核操作评分标准

工种	网络安全员					评价等级	中级工
项目模块	网络基础—WAF 配置				编号		Jc0708443005
单位			准考证号			姓名	
考试时限	30 分钟		题型		单项操作	题分	100 分
成绩		考评员		考评组长		日期	
试题正文	WAF 配置						
需要说明的问题和要求	由单人完成 WAF 配置及相关要求						

序号	项目名称	质量要求	满分	扣分标准	扣分原因	得分
1	WAF 配置					
1.1	创建向导模式站点组	创建向导模式站点组	25	创建向导模式站点组错误，扣 25 分		
1.2	配置 HTTP 站点	配置 HTTP 站点成功	25	配置 HTTP 站点错误，扣 25 分		
1.3	生成向导模式下的默认策略	生成向导模式下的默认策略	50	生成向导模式下的默认策略错误，扣 50 分		
	合计		100			

Jc0708443006　扫描软件的应用技巧。（100 分）

考核知识点： 网络安全系统

难易度： 难

技能等级评价专业技能考核操作工作任务书

一、任务名称

扫描软件的应用技巧。

二、适用工种

网络安全员中级工。

三、具体任务

（1）管理员登录。

（2）查看和使用 Nmap。

（3）构建 Nmap 扫描命令。

四、工作规范及要求

根据题目要求进行配置，单人操作完成。

五、考核及时间要求

（1）本考核操作时间为 30 分钟，时间到停止考评，包括报告整理时间。

（2）问题查找和排除过程中，如确实不能查找出问题，可向考评员申请排除问题，该项问题项目不得分，但不影响其他项目。

技能等级评价专业技能考核操作评分标准

工种	网络安全员			评价等级	中级工
项目模块	网络安全基础—扫描软件的应用技巧		编号		Jc0708443006
单位		准考证号		姓名	
考试时限	30 分钟	题型	单项操作	题分	100 分
成绩		考评员	考评组长	日期	
试题正文	扫描软件的应用技巧				
需要说明的问题和要求	由单人完成交换机配置及设备安全扫描				

序号	项目名称	质量要求	满分	扣分标准	扣分原因	得分
1	交换机基本配置					
1.1	管理员登录	以管理员账号登录服务器	5	未以管理员账号登录，扣 5 分		
1.2	查看和使用 Nmap	在客户端中找到并使用 Nmap	15	未使用 Nmap 软件，扣 15 分		
1.3	构建 Nmap 扫描命令	在客户端上构建扫描命令和参数，并按照要求生成 xml 文件	80	未扫描完成，扣 60 分；未生成扫描报告，扣 20 分		
	合计		100			

第三部分
高级工

第五章 网络安全员高级工技能笔答

单 选 题

Jb0708371001 以下不属于恶意代码的是（   ）。（3分）

A. 病毒　　　　　　B. 蠕虫　　　　　　C. 特洛伊木马　　　　D. 宏

考核知识点： 病毒基础知识

难易度： 易

标准答案： D

Jb0708371002 以下不是 HTTP 协议的特点的是（   ）。（3分）

A. 持久连接　　　　　　　　　　　　B. 请求/响应模式

C. 只能传输文本数据　　　　　　　　D. 简单、高效

考核知识点： 病毒基础知识

难易度： 易

标准答案： C

Jb0708371003 中间件 WebLogic 和 ApacheTomcat 默认端口是（   ）。（3分）

A. 7001、80　　　　B. 7001、8080　　　　C. 7002、80　　　　D. 7002、8080

考核知识点： 中间件基础

难易度： 易

标准答案： B

Jb0708371004 数字信封是用来解决（   ）。（3分）

A. 公钥分发问题　　B. 私钥分发问题　　C. 对称密钥分发问题　　D. 数据完整性问题

考核知识点： 密码学基础

难易度： 易

标准答案： C

Jb0708371005 以下哪个文件定义了网络服务的端口？（   ）（3分）

A. /etc/netport　　　B. /etc/services　　　C. /etc/server　　　D. /etc/netconf

考核知识点： 主机系统

难易度： 易

标准答案： B

Jb0708371006 按安全审计的关键技术来划分，计算机安全审计不包括（   ）类型。（3分）

A. 数据库审计　　　B. 应用审计　　　C. 单独审计　　　D. 系统审计

考核知识点： 信息安全基础

难易度：易

标准答案：C

Jb0708371007 第二代信息安全网络隔离装置的最大持续吞吐量为（   ）。（3分）

A. 100Mbit/s   B. 200Mbit/s   C. 300Mbit/s   D. 400Mbit/s

考核知识点：网络基础

难易度：易

标准答案：D

Jb0708371008 哪种扫描器不用于 Web 应用安全的评估？（   ）（3分）

A. WebInspect   B. APPscan   C. Nmap   D. AWVS

考核知识点：信息安全基础

难易度：易

标准答案：C

Jb0708371009 防火墙中地址翻译的主要作用是（   ）。（3分）

A. 提供代理服务   B. 进行入侵检测   C. 隐藏内部网络地址   D. 防止病毒入侵

考核知识点：信息安全基础

难易度：易

标准答案：C

Jb0708371010 以下部署方式中，属于 IPS 部署方式的是（   ）。（3分）

A. 旁路部署   B. 在线部署   C. 基本部署   D. 扩展部署

考核知识点：网络基础

难易度：易

标准答案：A

Jb0708371011 在混合加密方式下，真正用来加解密通信过程中所传输数据的密钥是（   ）。（3分）

A. 非对称算法的公钥   B. 对称算法的密钥

C. 非对称算法的私钥   D. CA 中心的公钥

考核知识点：密码学基础

难易度：易

标准答案：B

Jb0708371012 AIX 系统管理员要为用户设置一条登录前的欢迎信息，要修改（   ）。（3分）

A. /etc/motd   B. /etc/profile

C. /etc/evironment   D. /etc/security/login.cfg

考核知识点：主机系统

难易度：易

标准答案：D

Jb0708371013 恶意代码采用加密技术的目的是（　　）。（3分）

A. 加密技术是恶意代码自身保护的重要机制　　B. 加密技术可以保证恶意代码不被发现

C. 加密技术可以保证恶意代码不被破坏　　D. 防止病毒被篡改

考核知识点： 密码学基础

难易度： 易

标准答案： A

Jb0708371014 以下部署方式中，属于 IDS 部署方式的是（　　）。（3分）

A. 旁路部署　　　　B. 在线部署　　　　C. 基本部署　　　　D. 扩展部署

考核知识点： 网络基础

难易度： 易

标准答案： A

Jb0708371015 基于私有密钥体制的信息认证方法，采用的算法是（　　）。（3分）

A. 素数检测　　　　B. 非对称算法　　　　C. RSA 算法　　　　D. 对称加密算法

考核知识点： 密码学基础

难易度： 易

标准答案： D

Jb0708371016 BGP 邻居间未建立连接且未尝试发起建立连接的状态是（　　）。（3分）

A. Established　　　　B. Idle　　　　C. Active　　　　D. OpenConfirm

考核知识点： 网络基础

难易度： 易

标准答案： B

Jb0708371017 以下哪项是 OSPF Stub 区域的特性？（　　）（3分）

A. AS-External-LSA 允许被发布到 Stub 区域内

B. 到 AS 外部的路由只能基于 ABR 手工生成的一条默认路由

C. 虚链接不能跨越 Stub Area

D. 任何区域都可以成为 Stub 区域

考核知识点： 网络基础

难易度： 易

标准答案： C

Jb0708371018 在运行 STP 的网络中，网络拓扑改变时会发送多种拓扑改变信息，在 RSTP 的网络中定义了几种拓扑改变信息？（　　）（3分）

A. 一种　　　　B. 两种　　　　C. 三种　　　　D. 四种

考核知识点： 网络基础

难易度： 易

标准答案： A

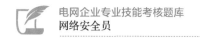
Jb0708371019 当一台运行了 OSPF 的路由器收到一条 LSA, 且该 LSA 不存在于它的链路状态数据库中时，该路由器会如何处理此条 LSA?（　　　　）（3分）

A. 该路由器会默默丢弃这条 LSA，且不返回任何消息

B. 这条 LSA 会立即被泛洪给其他 OSPF 邻居

C. 该 LSA 会安装到自己的链路状态数据库中，然后通过组播对该条 LSA 进行确认

D. 检查该 LSA 的 Age，查看其是否过期

考核知识点： 网络基础

难易度： 易

标准答案： D

Jb0708371020 以下哪个原因能够导致 BGP 邻居关系无法建立?（　　　　）（3分）

A. 在两个 BGP 邻居关系之间配置了阻止所有 TCP 连接的 ACL

B. IBGP 邻居是非物理直连的

C. 在全互联的 IBGP 邻居关系中开启了 BGP 同步

D. 两个 BGP 邻居之间的更新时间不一致

考核知识点： 网络基础

难易度： 易

标准答案： A

Jb0708371021 使用手工链路聚合模式时，下列选项中关于加入成员接口的描述，错误的是（　　　）。（3分）

A. Eth-Trunk 接口不能嵌套，即成员接口不能是 Eth-Trunk

B. 一个以太网接口只能加入一个 Eth-Trunk 接口，如果需要加入其他 Eth-Trunk 接口，必须先退出原来的 Eth-Trunk 接口

C. 如果本地设备使用了 Eth-Trunk，与成员接口直连的对端接口也必须捆绑为 Eth-Trunk 接口，两端才能正常通信

D. Eth-Trunk 有两种工作模式：二层工作模式和三层工作模式。两种工作模式自动识别，无需手动切换

考核知识点： 网络基础

难易度： 易

标准答案： D

Jb0708371022 在广播网络中，IS-IS 协议通过什么机制保证邻居关系建立的可靠性?（　　　）（3分）

A. 状态同步　　　　B. 校验和　　　　C. 老化计时器　　　　D. 三次握手

考核知识点： 网络基础

难易度： 易

标准答案： D

Jb0708371023 以下哪类 LSA 可以携带外部路由的 TAG 标签信息?（　　　）（3分）

A. LSA5　　　　B. LSA4　　　　C. LSA3　　　　D. LSA2

考核知识点： 网络基础

难易度：易

标准答案：A

Jb0708371024　关于路由协议的开销值（Cost），以下描述不正确的是（　　　）。（3分）

A. 由于不同的路由协议计算路由开销的依据不同，在引入路由时一般建议自动转换

B. 由于不同的路由协议计算路由开销的依据不同，在引入路由时一般建议手工配置

C. 通常 IS–IS 和 OSPF 的开销值基于带宽，取值范围很大

D. 通常 RIP 的开销基于跳数，取值范围很小

考核知识点：网络基础

难易度：易

标准答案：A

Jb0708371025　下面关于 EGP 和 IGP 描述错误的是（　　　）。（3分）

A. IGP 是运行于 AS 内部的路由协议

B. EGP 是运行于 AS 间的路由协议

C. IGP 着眼点在于控制路由的传播和选择最优的路由

D. EGP 本身是一种古老的协议

考核知识点：网络基础

难易度：易

标准答案：C

Jb0708371026　OSPF 的进程 ID 是（　　　）。（3分）

A. 本地意义，并且是路由器 ID　　　　　　B. 全局意义，并且必须在每台路由器上配置

C. 本地意义　　　　　　　　　　　　　　D. OSPF 不使用进程 ID，但使用 AS 号

考核知识点：网络基础

难易度：易

标准答案：C

Jb0708371027　下列对 ACL 描述错误的是（　　　）。（3分）

A. 标准的 ACL 可以检查数据包的源地址

B. 扩展的 ACL 可以检查数据包的源和目的地址

C. 标准的 ACL 可以检查数据包的协议和端口

D. 扩展的 ACL 可以检查数据包的协议和端口

考核知识点：网络基础

难易度：易

标准答案：C

Jb0708371028　关于 HTTP 协议说法错误的是（　　　）。（3分）

A. HTTP 协议是明文传输的

B. HTTP 协议是可靠的有状态的协议

C. HTTP 协议主要有请求和响应两种类型

D. HTTP 协议，在 Web 应用中，可以有 Get、Post、Delete 等多种请求方法，但是最常用是 Get

和 Post

考核知识点：网络基础

难易度：易

标准答案：B

Jb0708372029　已知某一数据库中有两个数据表，它们的主关键字与主关键字之间是一个对应多个的关系，这两个表若想建立关联，应该建立的永久联系是（　　　）。（3分）

A. 一对一　　　　　　B. 一对多　　　　　　C. 多对多　　　　　　D. 多对一

考核知识点：数据库基础

难易度：中

标准答案：B

Jb0708372030　命令 netstat-a 停了很长时间没有响应，这可能是（　　　）的问题。（3分）

A. NFS　　　　　　B. DNS　　　　　　C. NIS　　　　　　D. routing

考核知识点：主机系统

难易度：中

标准答案：B

Jb0708372031　下列哪个函数不能导致远程命令执行漏洞？（　　　）（3分）

A. system（　　）　　B. isset（　　）　　C. eval（　　）　　D. exec（　　）

考核知识点：信息安全基础

难易度：中

标准答案：B

Jb0708372032　包过滤防火墙无法实现（　　　）功能。（3分）

A. 禁止某个 IP 访问外部网络　　　　　　B. 禁止某个 IP 提供对外 HTTP 服务

C. 禁止访问某个 IP 的 80 端口　　　　　　D. 禁止某个 IP 使用某个 FTP 命令

考核知识点：信息安全基础

难易度：中

标准答案：D

Jb0708372033　按密钥的使用个数，密码系统可以分为（　　　）。（3分）

A. 置换密码系统和易位密码系统　　　　　　B. 分组密码系统和序列密码系统

C. 对称密码系统和非对称密码系统　　　　　　D. 密码系统和密码分析系统

考核知识点：密码学基础

难易度：中

标准答案：C

Jb0708372034　以下网络攻击方式中，（　　　）实施的攻击不是网络钓鱼的常用手段。（3分）

A. 利用社会工程学　　　　　　B. 利用虚假的电子商务网站

C. 利用假冒网上银行、网上证券网站　　　　　　D. 利用蜜罐

考核知识点：信息安全基础

难易度：中

标准答案：D

Jb0708372035　IAAS 是（　　　）的简称。（3分）

A. 软件即服务　　　　B. 平台即服务　　　　C. 基础设施即服务　　　D. 硬件即服务

考核知识点：信息安全基础

难易度：中

标准答案：C

Jb0708372036　Backtrack 中，快速扫描 C 类网段开放端口的工具是（　　　）。（3分）

A. Metasploit　　　　B. Aircreack　　　　C. Propecia　　　　D. P0f

考核知识点：信息安全基础

难易度：中

标准答案：C

Jb0708372037　手工使用交换分区的命令是（　　　）。（3分）

A. swapon　　　　B. mkdirswap　　　　C. swap space=on　　　D. mkswap

考核知识点：信息安全基础

难易度：中

标准答案：A

Jb0708372038　常用的文件隐写分析工具 binwork 分析的原理是（　　　）。（3分）

A. 根据数据库进行分析　　　　　　　　B. 根据特征库进行分析

C. 根据文件首部进行分析　　　　　　　D. 根据文件结束标志进行判断

考核知识点：信息安全基础

难易度：中

标准答案：C

Jb0708372039　Https 是以安全为目标的 HTTP 通道，它通过在 HTTP 下加入（　　　）来实现安全传输。（3分）

A. SET 协议　　　　B. SSL 协议　　　　C. SoCket 接口　　　D. NAT 转换接口

考核知识点：信息安全基础

难易度：中

标准答案：B

Jb0708372040　防火墙对数据包进行状态检测过滤时，不可以进行检测过滤的是（　　　）。（3分）

A. 源和目标地址　　　B. 源和目的端口　　　C. IP 协议号　　　D. 数据包中的内容

考核知识点：信息安全基础

难易度：中

标准答案：D

Jb0708372041　黑客利用网站操作系统的漏洞和 Web 服务程序的 SQL 注入漏洞等得到（　　　）的控制权限。（3分）

A. 主机设备　　　　　B. Web 服务器　　　　C. 网络设备　　　　D. 数据库

考核知识点：信息安全基础

难易度：中

标准答案：B

Jb0708372042　网络和安防设备配置协议及策略应遵循（　　　）。（3分）

A. 最小化原则　　　B. 最大化原则　　　C. 网络安全原则　　　D. 公用

考核知识点：信息安全基础

难易度：中

标准答案：A

Jb0708372043　在 Access 中，将"名单表"中的"姓名"与"工资标准表"中的"姓名"建立关系，且两个表中的记录都是唯一的，则这两个表之间的关系是（　　　）。（3分）

A. 一对一　　　　　B. 一对多　　　　　C. 多对一　　　　　D. 多对多

考核知识点：访问控制策略

难易度：中

标准答案：A

Jb0708372044　采集接入网关不承载（　　　）。（3分）

A. 电能质量管理业务　　　　　　　　B. 用电信息采集业务
C. 供电电压采集业务　　　　　　　　D. 输变电状态监测业务

考核知识点：网络基础

难易度：中

标准答案：B

Jb0708372045　下列哪项是蠕虫的特性？（　　　）（3分）

A. 不感染、依附性　　B. 不感染、独立性　　C. 可感染、依附性　　D. 可感染、独立性

考核知识点：病毒基础知识

难易度：中

标准答案：D

Jb0708372046　Linux 的日志文件路径是（　　　）。（3分）

A. /var/log　　　　　B. /etc/issue　　　　C. /etc/syslogD　　　　D. /var/syslog

考核知识点：病毒基础知识

难易度：中

标准答案：A

Jb0708372047　Windows 系统的系统日志存放在（　　　）。（3分）

A. C:\windows\system32\config　　　　B. C:\windows\config
C. C:\windows\logs　　　　　　　　　D. C:\windows\system32\logs

考核知识点：主机系统

难易度：中

标准答案：A

Jb0708372048　入侵防范、访问控制、安全审计是（　　　　）层面的要求。（3分）

A. 安全通信网络　　　　B. 安全区域边界　　　　C. 安全计算环境　　　　D. 安全物理环境

考核知识点：主机系统

难易度：中

标准答案：C

Jb0708371049　下列哪个是自动化 SQL 注入工具？（　　　　）（3分）

A. Nmap　　　　　　　B. nessus　　　　　　　C. msf　　　　　　　D. sqlmap

考核知识点：信息安全基础

难易度：易

标准答案：D

Jb0708371050　下列哪种工具可以作为离线破解密码使用？（　　　　）（3分）

A. hydra　　　　　　　B. Medusa　　　　　　　C. Hscan　　　　　　　D. Oclhashcat

考核知识点：信息安全基础

难易度：易

标准答案：D

Jb0708372051　在信息搜集阶段，在 kali 里用来查询域名和 IP 对应关系的工具是什么？（　　　　）（3分）

A. ping　　　　　　　B. dig　　　　　　　C. tracert　　　　　　　D. ipconfig

考核知识点：信息安全基础

难易度：中

标准答案：B

Jb0708372052　密钥封装（KeyWrap）是一种（　　　　）技术。（3分）

A. 密钥存储　　　　　B. 密钥安全　　　　　C. 密钥分发　　　　　D. 密钥算法

考核知识点：信息安全基础

难易度：中

标准答案：C

Jb0708373053　安全接入网关核心进程是（　　　　）。（3分）

A. Proxy_zhuzhan　　　B. Proxy_udp　　　　　C. Vpn_server　　　　　D. Gserv

考核知识点：网络基础

难易度：难

标准答案：C

Jb0708372054 密码协议安全的基础是（　　　　）。（3分）

A. 密码安全　　　　　B. 密码算法　　　　　C. 密码管理　　　　　D. 数字签名

考核知识点：密码学知识

难易度：中

标准答案：B

Jb0708373055 通用入侵检测框架（CIDF）模型中，（　　　　）的目的是从整个计算环境中获得事件，并向系统的其他部分提供此事件。（3分）

A. 事件产生器　　　　B. 事件分析器　　　　C. 事件数据库　　　　D. 响应单元

考核知识点：信息安全基础

难易度：难

标准答案：A

Jb0708372056 HTTP状态码是反应Web请求结果的一种描述，以下状态码表示请求资源不存在的是（　　　　）。（3分）

A. 200　　　　　　　B. 404　　　　　　　C. 401　　　　　　　D. 403

考核知识点：信息安全基础

难易度：中

标准答案：B

多 选 题

Jb0708381057 路由器可以通过（　　　　）方式进行配置。（5分）

A. FTP方式传送配置文件　　　　　　　B. 远程登录设置

C. 拨号方式配置　　　　　　　　　　　D. 控制口配置

考核知识点：网络基础

难易度：易

标准答案：ABCD

Jb0708381058 WAF的Web安全功能主要有（　　　　）。（5分）

A. 弱口令　　　　　　B. Web攻击防护　　　C. 敏感数据防泄露　　D. 网页防篡改

考核知识点：信息安全基础

难易度：易

标准答案：BCD

Jb0708381059 以下关于蠕虫的描述正确的有（　　　　）。（5分）

A. 蠕虫需要传播受感染的宿主文件来进行复制

B. 隐藏是蠕虫的基本特征，通过在主机上隐藏，使得用户不容易发现它的存在

C. 蠕虫具有自动利用网络传播的特点，在传播的同时，造成了带宽的极大浪费，严重的情况可能会造成网络的瘫痪

D. 蠕虫的传染能力主要是针对计算机内的文件系统

考核知识点：病毒基础知识

难易度：易

标准答案：BC

Jb0708381060　以下属于核心层功能的是（　　　）。（5分）

A. 拥有大量的接口，用于与最终用户计算机相连

B. 接入安全控制

C. 高速的包交换

D. 必要的路由策略

考核知识点：网络基础

难易度：易

标准答案：CD

Jb0708381061　入侵防御系统可以抵御哪些攻击？（　　　）（5分）

A. 溢出攻击　　　　　B. RPC 攻击　　　　　C. SQL 注入攻击　　　　　D. WebCGI 攻击

考核知识点：信息安全基础

难易度：易

标准答案：ACD

Jb0708381062　IDS 产品性能指标有（　　　）。（5分）

A. 每秒数据流量　　　　　　　　　　　B. 每秒抓包数

C. 每秒能监控的网络连接数　　　　　D. 每秒能够处理的事件数

考核知识点：信息安全基础

难易度：易

标准答案：ABCD

Jb0708381063　SQL Server 需要删除的危险存储过程是（　　　）。（5分）

A. xp_cmdshell　　　　B. xp_regwrite　　　　C. xp_regread　　　　D. xp_fileexist

考核知识点：数据库基础

难易度：易

标准答案：ABCD

Jb0708381064　redis 未授权访问漏洞的修复措施可包括（　　　）。（5分）

A. 设置为本地监听　　　B. 设置密码　　　　C. 修改端口　　　　　D. 打补丁

考核知识点：虚拟主机

难易度：易

标准答案：AB

Jb0708381065　解决 IPS 单点故障的方法有（　　　）。（5分）

A. 采用硬件加速技术　　　　　　　　B. 硬件 ByPass

C. 双机热备　　　　　　　　　　　　D. 优化检测技术

考核知识点：信息安全基础

难易度：易

标准答案：BC

Jb0708381066 下列哪些密码属于常见的危险密码？（   ）（5分）

A. 跟用户名相同的密码   B. 10位的综合密码

C. 只有4位数的密码   D. 使用生日作为密码

考核知识点：信息安全基础

难易度：易

标准答案：ACD

Jb0708382067 关于防火墙技术的描述中，错误的有（   ）。（5分）

A. 防火墙不能支持网络地址转换 B. 防火墙可以布置在企业内部网和Internet之间

C. 防火墙可以查杀各种病毒   D. 防火墙可以过滤各种垃圾文件

考核知识点：信息安全基础

难易度：中

标准答案：ACD

Jb0708382068 关于IP路由的说法，以下正确的有（   ）。（5分）

A. 路由是OSI模型中第三层的概念

B. 任何一条路由都必须包括以下三部分的信息：源地址、目的地址和下一跳

C. 在局域网中，路由包括了以下两部分的内容：IP地址和MAC地址

D. IP路由是指导IP报文转发的路径信息

考核知识点：网络基础

难易度：中

标准答案：AD

Jb0708382069 关于VLAN的说法，以下正确的是（   ）。（5分）

A. 隔离广播域

B. 相互间通信要通过路由器

C. 可以限制网上的计算机相互访问的权限

D. 只能在同一个物理网络上的主机进行逻辑分组

考核知识点：网络基础

难易度：中

标准答案：ABC

判 断 题

Jb0708391070 备份设备即用来存放备份数据的物理设备，在SQL Server中可以使用五种类型的备份设备。（   ）（3分）

A. 对   B. 错

考核知识点：数据库基础

难易度：易

标准答案：B

Jb0708391071 OSPF直接运行于TCP协议之上，使用TCP端口号179。（   ）（3分）

A. 对   B. 错

考核知识点：信息安全基础

难易度：易

标准答案：B

Jb0708391072　防火墙必须记录通过的流量日志，但是对于被拒绝的流量可以没有记录。（　　　）（3分）

　　A. 对　　　　　　　　　　　　　　　　　B. 错

考核知识点：信息安全基础

难易度：易

标准答案：B

Jb0708391073　由于特征库过于庞大，入侵检测系统误报率大大高于防火墙。（　　　）（3分）

　　A. 对　　　　　　　　　　　　　　　　　B. 错

考核知识点：信息安全基础

难易度：易

标准答案：B

Jb0708391074　采集网关接入支持 UDP 和 TCP 两种协议，且支持 UDP 转 TCP 的方式。（　　　）（3分）

　　A. 对　　　　　　　　　　　　　　　　　B. 错

考核知识点：网络基础

难易度：易

标准答案：B

Jb0708392075　很多网站后台会使用 Cookie 信息进行认证，对于口令加密的情况下，黑客可以利用 Cookie 欺骗方式，绕过口令破解，进入网站后台。（　　　）（3分）

　　A. 对　　　　　　　　　　　　　　　　　B. 错

考核知识点：信息安全基础

难易度：中

标准答案：A

Jb0708392076　当两台 BGP 邻居所支持的 BGP 版本不一致时，邻居会协商采用两端能够支持的最高的 BGP 版本。（　　　）（3分）

　　A. 对　　　　　　　　　　　　　　　　　B. 错

考核知识点：网络基础

难易度：中

标准答案：B

Jb0708392077　路由协议优先级的作用是给不同协议发现的路由分配不同的优先级，这样当一个路由器同时从不同的路由协议学习到相同的路由时，可以有选择的优先顺序。（　　　）（3分）

　　A. 对　　　　　　　　　　　　　　　　　B. 错

考核知识点：网络基础

难易度：中

标准答案：A

Jb0708392078 将 Get 方式改为 Post 方法能杜绝 CSRF 攻击。（　　　）（3分）

　　A. 对　　　　　　　　　　　　　　　B. 错

考核知识点：信息安全基础

难易度：中

标准答案：B

Jb0708392079 上传检查文件扩展名和检查文件类型是同一种安全检查机制。（　　　）（3分）

　　A. 对　　　　　　　　　　　　　　　B. 错

考核知识点：网络防护基础

难易度：中

标准答案：B

Jb0708392080 数据交换只需要进行内网侧安全加固，外网侧可以不用加固。（　　　）（3分）

　　A. 对　　　　　　　　　　　　　　　B. 错

考核知识点：网络防护基础

难易度：中

标准答案：B

Jb0708392081 Linux 系统里允许存在多个 UID=0 的用户，且权限均为 root。（　　　）（3分）

　　A. 对　　　　　　　　　　　　　　　B. 错

考核知识点：主机系统

难易度：中

标准答案：A

Jb0708392082 无线网络的 WEP 协议与 WPA 协议比较，前者更安全，破解需要的时间更长。（　　　）（3分）

　　A. 对　　　　　　　　　　　　　　　B. 错

考核知识点：网络基础

难易度：中

标准答案：B

Jb0708392083 Linux 系统中，只要把一个账户添加到 root 组，该账户即成超级用户，权限与 root 账户相同。（　　　）（3分）

　　A. 对　　　　　　　　　　　　　　　B. 错

考核知识点：主机系统

难易度：中

标准答案：B

Jb0708393084 OSPF 完全 Stub 区域的 ABR 不向区域内泛洪第三类、第四类和第五类 LSA，因此完全 Stub 区域的 ABR 需要手工向区域内下放一条默认路由，指导数据包如何到达 AS 外部的目的地。（　　）（3分）

　　A. 对　　　　　　　　　　　　　　　　B. 错

考核知识点：网络基础

难易度：难

标准答案：B

　　Jb0708393085　默认情况下，OSPF 端口开销与端口的带宽有关，计算公式为：bandwidth-reference/bandwidth，端口开销只能 OSPF 自己计算，不能手工更改。（　　）（3分）

　　A. 对　　　　　　　　　　　　　　　　B. 错

考核知识点：网络基础

难易度：难

标准答案：B

　　Jb0708393086　MD5 是一个典型的 Hash 算法，其输出的摘要值的长度可以是 128 位，也可以是 160 位。（　　）（3分）

　　A. 对　　　　　　　　　　　　　　　　B. 错

考核知识点：密码学基础

难易度：难

标准答案：B

简　答　题

　　Jb0708331087　管理 OracLe 的客户端连接工具有哪些？请至少写出两个。（10分）

考核知识点：密码学基础

难易度：易

标准答案：

SQL Plus、PL/SQL、Sql Developer、Navicat Premium。

　　Jb0708331088　SQL 注入如果"="符号被过滤，可以用什么符号代替？（10分）

考核知识点：密码学基础

难易度：易

标准答案：

"like"符号、"rlike"符号、"regexp"符号。

　　Jb0708331089　计算机病毒的传染方式分为？（10分）

考核知识点：病毒基础知识

难易度：易

标准答案：

因特网传播、局域网传播、不可移动的计算机硬件设备传播、移动存储设备传播、无线设备传播。

　　Jb0708331090　防火墙有哪些部署模式？至少写出两个答案。（10分）

考核知识点：网络基础

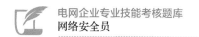

难易度：易

标准答案：

透明模式、路由模式、混合模式。

Jb0708331091　JavaScript 的对象有哪些？（10 分）

考核知识点： Web 基础

难易度： 易

标准答案：

内建对象、自定义对象。

Jb0708331092　配置 PAT 的两个必要步骤是什么？（10 分）

考核知识点： 网络基础

难易度： 易

标准答案：

定义拒绝应被转换地址的标准访问列表，定义要使用的端口范围。

Jb0708331093　拒绝服务攻击的对象可能是什么？至少写出两个答案。（10 分）

考核知识点： 信息安全基础

难易度： 易

标准答案：

网桥、防火墙、服务器、路由器。

Jb0708333094　这段代码存在的安全问题，会产生什么安全漏洞？（10 分）

```
<?php
$username=$_GET(username);
echo $uername
mysql_query("select * from orders where username="$username"or dir(mysql_error( ))):
?>
```

考核知识点： 网络基础

难易度： 难

标准答案：

命令执行漏洞、SQL 注入漏洞、反射 XSS 漏洞。

Jb0708331095　SQL 注入常见的万能密码有哪些？至少写出两个答案。（10 分）

考核知识点： 信息安全基础

难易度： 易

标准答案：

or 1=1--、'or 1=1--、'or 1=1 #。

Jb0708332096　MySQL 报错注入用到的函数有哪些？至少写出两个答案。（10 分）

考核知识点： 数据库基础

难易度：中

标准答案：

floor()、extractvalue()、updatexml()、exp()。

Jb0708331097 IS-IS 协议所使用的 SNAP 地址主要由哪几个部分构成？（10 分）

考核知识点：网络基础

难易度：易

标准答案：

AREA ID、SYSTEM ID、SEL。

Jb0708332098 绕过 SQL 注入的过滤空格的方法有哪些？至少写出两个答案。（10 分）

考核知识点：信息安全基础

难易度：中

标准答案：

用注释符/**/代替空格，用两个空格代替一个空格，用 Tab 代替空格，用括号代替空格。

Jb0708331099 访问控制列表可分为哪些类别？至少写出两个答案。（10 分）

考核知识点：网络防护基础

难易度：易

标准答案：

基本的访问控制列表，高级的访问控制列表，二层 ACL，用户自定义 ACL。

Jb0708331100 OSPF 状态迁移有哪些？至少写出两个答案。（10 分）

考核知识点：网络基础

难易度：易

标准答案：

Loading 状态下发生 LoadingDone 事件后的结果是状态迁移到 FullL，Exchange 状态下发生 LoadingDone 事件后的结果是状态迁移到 Loading。

Jb0708331101 管理 Oracle 的客户端连接工具有哪些？至少写出两个答案。（10 分）

考核知识点：数据库基础

难易度：易

标准答案：

SQL Plus、PL/SQL、Sql Developer、Navicat Premium。

Jb0708331102 在 OSPF 协议中，哪些 LSA 的传播范围只在单个区域内？至少写出两个答案。（10 分）

考核知识点：网络基础

难易度：易

标准答案：

Router Lsa、Network Lsa。

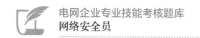

Jb0708331103　防火墙的测试性能参数一般包括哪些？至少写出两个答案。（10分）

考核知识点：信息安全基础

难易度：易

标准答案：

吞吐量、新建连接速率、并发连接数、处理时延。

Jb0708331104　Web攻击技术的有哪些？至少写出两个答案。（10分）

考核知识点：信息安全基础

难易度：易

标准答案：

XSS、SQL注入、CSRF。

Jb0708331105　哪些工具可提供拦截和修改HTTP数据包的功能？至少写出两个答案。（10分）

考核知识点：信息安全基础

难易度：易

标准答案：

BurpSuite、Fiddler。

Jb0708331106　数据脱敏又称为什么？（10分）

考核知识点：信息安全基础

难易度：易

标准答案：

数据漂白、数据去隐私化、数据变形。

Jb0708331107　无线网络的拒绝服务攻击模式有哪些？至少写出两个答案。（10分）

考核知识点：信息安全基础

难易度：易

标准答案：

Land攻击、身份验证洪水攻击、取消验证洪水攻击。

Jb0708331108　什么是字典攻击？（10分）

考核知识点：信息安全基础

难易度：易

标准答案：

一种强制力方法，指使用常用的术语或单词列表进行认证。

Jb0708331109　IDS是什么？（10分）

考核知识点：信息安全基础

难易度：易

标准答案：

入侵检测系统（intrusion detection system，IDS）是一种对网络传输进行即时监视，在发现可疑传输时发出警报或者采取主动反应措施的网络安全设备。它与其他网络安全设备的不同之处在于IDS是一种积极主动的安全防护技术。

Jb0708331110　请简要说明 BurpSuite 的功能。（10 分）

考核知识点： 信息安全基础

难易度： 易

标准答案：

BurpSuite 是用于攻击 Web 应用程序的集成平台，包含了许多工具。BurpSuite 为这些工具设计了许多接口，以加快攻击应用程序的过程。所有工具都共享一个请求，并能处理对应的 HTTP 消息、持久性、认证、代理、日志、警报。

Jb0708331111　什么是 WebShell？（10 分）

考核知识点： 信息安全基础

难易度： 易

标准答案：

WebShell 就是以 asp、php、jsp 或者 cgi 等网页文件形式存在的一种命令执行环境，也可以将其称为一种网页后门。

Jb0708331112　什么是网络钓鱼？（10 分）

考核知识点： 信息安全基础

难易度： 易

标准答案：

网络钓鱼是通过大量发送声称来自于银行或其他知名机构的欺骗性垃圾邮件，意图引诱收信人给出敏感信息（如用户名、口令、账号 ID、ATM PIN 码或信用卡详细信息）的一种攻击方式。

Jb0708331113　0 day 漏洞是什么？（10 分）

考核知识点： 信息安全基础

难易度： 易

标准答案：

已经发现但是官方还没发布补丁的漏洞。

Jb0708331114　常见的网站服务器容器有哪些？请至少写出两个。（10 分）

考核知识点： 中间件基础

难易度： 易

标准答案：

IIS、Apache、Nginx、Lighttpd、Tomcat。

Jb0708331115　隐写查看图片基本信息一般常用什么工具？请至少写出两个。（10 分）

考核知识点： 信息安全基础

难易度： 易

标准答案：

Binwalk、foremost、WinHex。

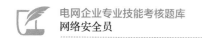
Jb0708331116 常见的对称加密算法有哪些？请至少写出两个。（10 分）

考核知识点： 密码学基础

难易度： 易

标准答案：

DES 算法、3DES 算法、TDEA 算法、Blowfish 算法、RC5 算法、IDEA 算法。

Jb0708331117 BurpSuite 的 Proxy 模块有什么功能？（10 分）

考核知识点： 信息安全基础

难易度： 易

标准答案：

BurpSuite 的 Proxy 模块是一个拦截 HTTP/HTTPS 的代理服务器，作为一个在浏览器和目标应用程序之间的中间人，允许你拦截、查看、修改在两个方向上的原始数据流。

Jb0708331118 BurpSuite 的 Repeater 模块功能是什么？（10 分）

考核知识点： 信息安全基础

难易度： 易

标准答案：

Repeater 能够靠手动操作来补发单独的 HTTP 请求，并分析应用程序响应。

Jb0708332119 应从哪方面审计 Windows 系统是否存在后门？（10 分）

考核知识点： 信息安全基础

难易度： 中

标准答案：

查看服务信息、查看驱动信息、查看注册表键值、查看系统日志。

Jb0708331120 信息安全等级保护测评工作原则，主要有哪些？至少写出两个答案。（10 分）

考核知识点： 规章制度

难易度： 易

标准答案：

规范性原则、整体性原则、最小影响原则、保密性原则。

Jb0708331121 新设口令要符合口令设置的规则有哪些？至少写出两个答案。（10 分）

考核知识点： 信息安全基础

难易度： 易

标准答案：

最小长度不能小于 8 位，必须要由大写字母、小写字母、数字、特殊字符组成。

Jb0708332122 蜜罐技术的主要优点有哪些？（10 分）

考核知识点： 信息安全基础

难易度： 中

标准答案：

收集数据的真实性高，蜜罐不提供任何实际的业务服务，所以收集到的信息有很大的可能都是由于黑客攻击造成的，漏报率和误报率都比较低；可以收集新的攻击工具和攻击方法；蜜罐不需要强大的资金投入，可以用一些低成本的设备。

Jb0708332123 SSL VPN 网关证书认证失败的原因有哪些？（10 分）

考核知识点：信息安全基础

难易度：中

标准答案：

网关证书与客户端 CA 不匹配；客户端证书与网关 CA 不匹配；算法选择与证书类型不匹配；证书格式不对。

Jb0708332124 入侵检测系统根据体系结构进行分类可分为哪几种？（10 分）

考核知识点：信息安全基础

难易度：中

标准答案：

集中式 IDS、分布式 IDS。

Jb0708332125 计算机信息系统的运行安全包括哪些？（10 分）

考核知识点：主机系统

难易度：中

标准答案：

系统风险管理、审计跟踪、备份与恢复。

Jb0708332126 Windows 系统中的审计日志有哪些？（10 分）

考核知识点：主机系统

难易度：中

标准答案：

系统日志（System Log）、安全日志（Security Log）、应用程序日志（Applications Log）。

Jb0708332127 反向隔离装置在修改配置规则时，可以修改哪些选项？至少写出两个答案。（10 分）

考核知识点：网络基础

难易度：中

标准答案：

规则名称、地址、协议（TCP/UDP）、端口。

Jb0708332128 LANLSB 隐写的原理是？（10 分）

考核知识点：信息安全基础

难易度：中

标准答案：

利用存储颜色的低位隐藏信息，利用存储颜色的高位隐藏信息。

Jb0708332129 VLAN 的技术特性有哪些？至少写出两个答案。（10 分）

考核知识点：网络基础

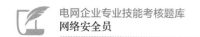

难易度：中

标准答案：

VLAN 工作在 OSI 参考模型的物理层；每个 VLAN 都是一个独立的逻辑网段；每个 VLAN 都是一个独立的逻辑网络，它们都有唯一子网号。

Jb0708332130 apache 等应用需要备份的数据有哪些，至少写出两个答案。（10 分）

考核知识点：信息安全基础

难易度：中

标准答案：

conf 目录、Lib 目录、server.xml、web.xml。

Jb0708332131 在 RSTP 协议中定义了与 STP 中不同的端口角色，其中不能处于转发状态的端口角色有哪些？至少写出两个答案。（10 分）

考核知识点：网络基础

难易度：中

标准答案：

Backup Port、Alternate Port。

Jb0708332132 OSPF 可以支持多种网络类型，网络类型中需要选举 DR 和 BDR 有哪些？至少写出两个答案。（10 分）

考核知识点：网络基础

难易度：中

标准答案：

NBMA、BROADCAST。

Jb0708332133 MSTP 又称为多生成树协议，通过 MSTP 协议能够解决单生成树网络中的哪些问题？至少写出两个答案。（10 分）

考核知识点：网络基础

难易度：中

标准答案：

部分 VLAN 路径不通、无法使用流量分担、次优二层路径。

Jb0708332134 与 OSPF 协议相比，IS-IS 协议有哪些优点？至少写出两个答案。（10 分）

考核知识点：网络基础

难易度：中

标准答案：

协议的可扩展性较好、协议报文类型较少。

Jb0708332135 关于 BGP 邻居建立的必备条件有哪些？至少写出两个答案。（10 分）

考核知识点：网络基础

难易度：中

标准答案：

手工配置 BGP 邻居、两台邻居路由器间成功建立一条 TCP 连接。

Jb0708332136　被 SQL 注入的原因有哪些？至少写出两个答案。(10 分)

考核知识点：信息安全基础

难易度：中

标准答案：

用户参数参与了 SQL 拼接、未对用户参数进行过滤。

Jb0708332137　防火墙部署中，透明模式的特点有哪些？至少写出两个答案。(10 分)

考核知识点：信息安全基础

难易度：中

标准答案：

性能较高，不需要改变原有网络的拓扑结构，防火墙自身不容易受到攻击。

Jb0708332138　可从哪几方面排查 Windows 系统是否存在后门？至少写出两个答案。(10 分)

考核知识点：主机系统

难易度：中

标准答案：

查看服务信息、查看驱动信息、查看注册表键值、查看系统日志。

Jb0708332139　常见的恶意远程控制软件有哪些？至少写出两个答案。(10 分)

考核知识点：信息安全基础

难易度：中

标准答案：

PCShare、Ghost、Darkcomet。

Jb0708332140　造成文件上传漏洞的安全原因有哪些？至少写出两个答案。(10 分)

考核知识点：信息安全基础

难易度：中

标准答案：

文件上传路径控制不当；可以上传可执行文件；上传文件的类型控制不严格；上传文件的大小控制不当。

Jb0708332141　目录遍历造成的危害有哪些？至少写出两个答案。(10 分)

考核知识点：信息安全基础

难易度：中

标准答案：

非法获取系统信息；得到数据库用户名和密码；获取配置文件信息；获得整个系统的权限。

Jb0708332142　SQL 注入的几种类型？(10 分)

考核知识点：信息安全基础

难易度：中

标准答案：

报错注入、bool 型注入、延时注入、宽字节注入。

Jb0708331143 sqlmap 是什么？（10 分）

考核知识点： 信息安全基础

难易度： 易

标准答案：

sqlmap 是开源的自动化 SQL 注入工具，由 Python 写成。

Jb0708332144 防御 CSRF 的方法有哪些？请至少写出两种方法。（10 分）

考核知识点： 信息安全基础

难易度： 中

标准答案：

（1）验证 HTTP Referer 字段。

（2）在请求地址中添加 token 并验证。

（3）在 HTTP 头中自定义属性并验证。

Jb0708332145 引入 VLAN 划分的好处有哪些？（10 分）

考核知识点： 网络基础

难易度： 中

标准答案：

降低网络设备移动和改变的代价；增强网络安全性；限制广播包，节约宽带；实现网络的动态组织管理。

Jb0708332146 简述 Linux 操作系统的启动过程。（10 分）

考核知识点： 主机系统

难易度： 中

标准答案：

（1）主机启动进行系统自检后，读取启动引导程序。

（2）根据用户的启动菜单来选择的启动项，引导操作系统。

（3）根据系统的运行级别启动相应的服务程序。

（4）加载内核程序，完成启动的前期工作，并加载系统的 ENTT 进程。

（5）根据 ENTT 的配置文件执行相应的启动程序，进入指定的系统运行级别。

（6）显示用户输入用户名口令进行登录。

Jb0708332147 PEID 扫描模式有哪些？（10 分）

考核知识点： 信息安全基础

难易度： 中

标准答案：

正常扫描模式、核心扫描模式。

Jb0708332148 防范 SQL 注入攻击的手段有哪些？至少写出两个答案。（10 分）

考核知识点： 信息安全基础

难易度：中

标准答案：

删除存在注入点的网页，通过网络防火墙严格限制 Internet 用户对 Web 服务器的访问。

Jb0708331149 计算机的存储系统一般指什么？（10 分）

考核知识点： 操作系统基础

难易度： 易

标准答案：

内存（主存）、外存（辅存）。

Jb0708333150 三级及以上信息系统的应用安全资源控制应满足哪些要求？（10 分）

考核知识点： 规章制度

难易度： 难

标准答案：

应能够对一个时间段内可能的并发会话连接数进行限制；应能够对一个访问账户或一个请求进程占用的资源分配最大限额和最小限额；应能够对系统服务水平降低到预先规定的最小值进行检测和报警；应提供服务优先级设定功能，并在安装后根据安全策略设定访问账户或请求进程的优先级，根据优先级分配系统资源。

Jb0708332151 什么是安全组？（10 分）

考核知识点： 云平台基础

难易度： 中

标准答案：

安全组是一个逻辑上的分组，为同一个 VPC 内具有相同安全保护需求并相互信任的云服务器提供访问策略。

Jb0708332152 SSRF 漏洞攻击流程有哪些？（10 分）

考核知识点： 信息安全基础

难易度： 中

标准答案：

扫描内网 IP 存活及端口开放信息，端口服务指纹识别，确定 SSRF 组合类型，实施攻击。

Jb0708333153 关于 memcached 未授权访问漏洞的加固方法有哪些？至少写出两个答案。（10 分）

考核知识点： 信息安全基础

难易度： 难

标准答案：

修改 Options 选项，限制访问地址范围，修改的配置文件为/etc/sysconfig/memcached。

Jb0708333154 WinDbg 单步调试有哪些？至少写出两个答案。（10 分）

考核知识点： 主机系统

难易度： 难

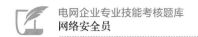
标准答案：

t 单步跟进、p 单步跳过。

Jb0708333155　启动 MySQL 服务的命令有哪些？至少写出两个答案。（10 分）

考核知识点： 数据库基础

难易度： 难

标准答案：

service mysqld start、/init.d/mysqldstart。

Jb0708333156　进程隐藏技术包括哪些？至少写出两个答案。（10 分）

考核知识点： 信息安全基础

难易度： 难

标准答案：

API Hook，DLL 注入，将自身进程从活动进程链表上摘除，修改显示进程的命令。

Jb0708332157　等级保护对象受到破坏后对客体造成侵害的程度有哪些？至少写出两个答案。（10 分）

考核知识点： 规章制度

难易度： 中

标准答案：

造成一般损害，造成严重损害，造成特别严重损害。

Jb0708333158　查杀木马，应该从哪些方面下手？（10 分）

考核知识点： 信息安全基础

难易度： 难

标准答案：

寻找并结束木马进程，打漏洞补丁，寻找木马病毒文件，寻找木马写入的注册表项。

Jb0708333159　逻辑漏洞之支付漏洞的修复方案有哪些？至少写出两个答案。（10 分）

考核知识点： 信息安全基础

难易度： 难

标准答案：

和银行交易时，做数据签名，对用户金额和订单签名；如果一定需要用 URL 传递相关参数，建议进行后端的签名验证；服务端校验客户端提交的参数。

Jb0708333160　可以增加木马存活的技术有哪些？至少写出两个答案。（10 分）

考核知识点： 信息安全基础

难易度： 难

标准答案：

三线程技术、进程注入技术、端口复用技术、拒绝服务攻击技术。

Jb7083333161　常被用来清理系统后门的工具有哪些？至少写出两个答案。（10分）

考核知识点：信息安全基础

难易度：难

标准答案：

XueTr、IceSword。

Jb0708333162　木马传播包括哪些途径？（10分）

考核知识点：病毒基础知识

难易度：难

标准答案：

通过网页传播，通过下载文件传播，通过电子邮件的附件传播，通过聊天工具传播。

Jb0708333163　逻辑漏洞的修复方案有哪些？至少写出两个答案。（10分）

考核知识点：信息安全基础

难易度：难

标准答案：

减少验证码有效时间；对重要参数加入验证码同步信息或时间戳；重置密码后，新密码不应返回在数据包中；限制该功能单个 IP 提交频率。

Jb0708333164　隔离装置在对外服务时，需要提供给外网应用配置的 URL 组成部分有哪些？至少写出两个答案。（10分）

考核知识点：信息安全基础

难易度：难

标准答案：

第二代信息安全网络隔离装置 SGI-NDS 端口（18600）；虚拟数据库名称（v_18600_xxx）；虚拟数据库用户名，虚拟数据库密码，应用名称（App_xxx）。

Jb0708333165　常见 Web 源码泄露有哪些？至少写出两个答案。（10分）

考核知识点：信息安全基础

难易度：难

标准答案：

".git"源码泄露、".hg"源码泄露、".DS_Store"文件泄露、".SVN"泄露。

Jb0708333166　Oracle 脱机备份的缺点有哪些？（10分）

考核知识点：数据库基础

难易度：难

标准答案：

（1）单独使用时，只能提供到"某一时间点上"的恢复。

（2）备份过程中，数据库必须是关闭状态。

（3）向移动设备上拷贝时速度很慢。

（4）不能按表或按用户恢复。

Jb0708333167　使用完全备份恢复数据库时，恢复的数据有哪些？请至少写出两点。（10 分）

考核知识点：数据库基础

难易度：难

标准答案：

表、视图、存储过程、触发器。

Jb0708333168　存储虚拟化有哪些类型？请至少写出两点。（10 分）

考核知识点：信息安全基础

难易度：难

标准答案：

磁盘虚拟化、块虚拟化、磁带/磁带机/磁带库虚拟化、文件系统虚拟化。

Jb0708333169　防范 PHP 文件包含漏洞的措施有哪些？（10 分）

考核知识点：信息安全基础

难易度：难

标准答案：

（1）开发过程中应该尽量避免动态的变量，尤其是用户可以控制的变量。

（2）采用"白名单"的方式将允许包含的文件列出来，只允许包含白名单的文件。

（3）将一些特殊字符定义在黑名单中，对传入的参数进行过滤。

（4）通过设定 php.ini 中 open_basedir 的值将允许包含的文件限定在某一特定目录内，这样可以有效地避免利用文件包含漏洞进行的攻击。

Jb0708333170　用户有一个 Android 终端与内网服务器通信，想通过安全接入平台接入，为判断平台是否支持该业务接入，需要了解哪些信息？（10 分）

考核知识点：网络基础

难易度：难

标准答案：

采用 TCP 还是 UDP，端口是否固定，量大小（视频），是否有服务端主动向客户端推送消息的需求。

Jb0708333171　Tomcat 后台管理弱口令漏洞加固的方法有哪些？至少写出两个答案。（10 分）

考核知识点：中间件基础

难易度：难

标准答案：

打开 tomcat 密码管理文件，定位＜user username="tomcat" password="tomcat" roles="admin, manager"/＞；修改 password=""中双引号的内容为新密码，将 roles 改为低权限的角色如 tomcat 等；如果不需要连接 tomcat 后台，可以删除后台 manager 文件夹；重启一下 tomcat 服务。

Jb0708333172　对于 SQL 注入攻击的防御，可以采取哪些措施？至少写出两个答案。（10 分）

考核知识点：信息安全基础

难易度：难

标准答案：

不要使用管理员权限的数据库连接，为每个应用使用单独的权限有限的数据库连接；不要把机密信息直接存放，加密或者 Hash 掉密码和敏感的信息；不要使用动态拼装 sql，可以使用参数化的 sql 或者直接使用存储过程进行数据查询存取；对表单里的数据进行验证与过滤，在实际开发过程中可以单独列一个验证函数，该函数把每个要过滤的关键词如 select，1=1 等都列出来，然后每个表单提交时都调用这个函数。

Jb0708333173　进行网络故障的隔离和诊断中通常的测试包括哪些？至少写出两个答案。（10 分）

考核知识点：网络基础

难易度：难

标准答案：

连接饱和性测试、响应时间测试、连接性测试、数据完整性测试。

第六章　网络安全员高级工技能操作

Jc0708341001　对系统进行配置和安全加固。（100分）

考核知识点： 网络安全基础

难易度： 易

技能等级评价专业技能考核操作工作任务书

一、任务名称

对系统进行配置和安全加固。

二、适用工种

网络安全员高级工。

三、具体任务

（1）本地安全设置|账户策略|密码策略，对密码策略进行设置。

（2）本地安全设置|账户策略|账户锁定策略，对账户锁定策略进行设置。

（3）更改默认管理员账号。

（4）删除非法账号或多余账号。

四、工作规范及要求

要求单人操作完成。

五、考核及时间要求

（1）本考核操作时间为30分钟，时间到停止考评，包括报告整理时间。

（2）问题查找和排除过程中，如确实不能查找出问题，可向考评员申请排除问题，该项问题项目不得分，但不影响其他项目。

技能等级评价专业技能考核操作评分标准

工种	网络安全员				评价等级	高级工
项目模块	网络安全基础—对系统进行配置和安全加固			编号		Jc0708341001
单位		准考证号			姓名	
考试时限	30分钟	题型		单项操作	题分	100分
成绩		考评员		考评组长	日期	
试题正文	对系统进行配置和安全加固					
需要说明的问题和要求	独立完成系统配置及安全加固					

序号	项目名称	质量要求	满分	扣分标准	扣分原因	得分
1	本地安全设置|账户策略|密码策略，对密码策略进行设置	密码复杂性要求：启用；密码长度最小值：8字符；密码最短存留期：0天	25	未按质量要求设置，缺一项扣10分，扣完为止		
2	本地安全设置|账户策略|账户锁定策略，对账户锁定策略进行设置	复位账户锁定计数器：15min；账户锁定时间：15min；账户锁定阈值：5次	25	未按质量要求设置，缺一项扣10分，扣完为止		

序号	项目名称	质量要求	满分	扣分标准	扣分原因	得分
3	更改默认管理员账号	本地安全设置|本地策略|安全选项|重命名系统管理员账号	25	未完成更改，扣 25 分		
4	删除非法账号或多余账号	计算机管理|系统工具|本地用户和组|用户，删除非法账号或多余账号	25	未删除多余账号，扣 25 分		
	合计		100			

Jc0708341002　关闭不必要的网络端口和服务。（100 分）

考核知识点： 网络基础

难易度： 易

技能等级评价专业技能考核操作工作任务书

一、任务名称

关闭不必要的网络端口和服务。

二、适用工种

网络安全员高级工。

三、具体任务

在 Windows 系统服务管理中，将不必要的服务启动类型设置为手动并停止，或者禁用。需要停用的服务主要有：

（1）Server：网络共享与 IPC$。

（2）Remote Registry：远程管理注册表。

（3）Print Spooler。

（4）Alerter：远程发送警告信息。

（5）Computer Browser（计算机浏览器）。

（6）Messenger。

（7）Task Scheduler：计划任务。

四、工作规范及要求

要求单人操作完成。

五、考核及时间要求

（1）本考核操作时间为 30 分钟，时间到停止考评，包括报告整理时间。

（2）问题查找和排除过程中，如确实不能查找出问题，可向考评员申请排除问题，该项问题项目不得分，但不影响其他项目。

技能等级评价专业技能考核操作评分标准

工种	网络安全员			评价等级	高级工
项目模块	网络安全基础—对系统进行配置和安全加固		编号	Jc0708341002	
单位		准考证号		姓名	
考试时限	30 分钟	题型	单项操作	题分	100 分
成绩		考评员		考评组长	日期
试题正文	关闭不必要的网络端口和服务				
需要说明的问题和要求	由单人操作完成网络端口及服务关闭，配置内容符合下列要求				

续表

序号	项目名称	质量要求	满分	扣分标准	扣分原因	得分
1	关闭不必要的网络端口和服务	通过开始 I 运行 Iservices.msc，将不必要的服务启动类型设置为手动并停止，或者禁用。需要停用的服务主要有： （1）Server：网络共享与 IPC$。 （2）Remote Registry：远程管理注册表，开启此服务带来一定的风险。 （3）Print Spooler：如果相应服务器没有打印机，可以关闭此服务。 （4）Alerter：远程发送警告信息。 （5）Computer Browser（计算机浏览器）：维护网络上更新的计算机清单。 （6）Messenger：允许网络之间互相传送提示信息的功能，如 net send。 （7）Task Scheduler：计划任务	100	未按质量要求设置，缺一项扣15分，扣完为止		
	合计		100			

Jc0708341003　增强日志审核，调整审核策略，调整事件日志的大小和覆盖策略。（100 分）

考核知识点：网络基础

难易度：易

技能等级评价专业技能考核操作工作任务书

一、任务名称

增强日志审核，调整审核策略，调整事件日志的大小和覆盖策略。

二、适用工种

网络安全员高级工。

三、具体任务

（1）调整审核策略。

（2）调整事件日志的大小。

（3）调整事件日志的覆盖策略。

四、工作规范及要求

要求单人操作完成。

五、考核及时间要求

（1）本考核操作时间为 30 分钟，时间到停止考评，包括报告整理时间。

（2）问题查找和排除过程中，如确实不能查找出问题，可向考评员申请排除问题，该项问题项目不得分，但不影响其他项目。

技能等级评价专业技能考核操作评分标准

工种	网络安全员				评价等级	高级工
项目模块	网络安全基础—对系统进行配置和安全加固			编号		Jc0708341003
单位			准考证号		姓名	
考试时限	30分钟	题型		单项操作	题分	100分
成绩		考评员		考评组长	日期	
试题正文	增强日志审核，调整审核策略，调整事件日志的大小和覆盖策略					
需要说明的问题和要求	由单人操作完成日志审核、策略调整等，要求配置内容符合下列要求					

续表

序号	项目名称	质量要求	满分	扣分标准	扣分原因	得分
1	调整审核策略	本地安全设置 I 本地策略 I 审核策略,进行审核策略调整。修改安全策略为下述值: 审核策略更改,成功; 审核登录事件,无审核; 审核对象访问,成功,失败; 审核过程追踪,无审核; 审核目录服务访问,无审核; 审核特权使用,无审核; 审核系统事件,成功,失败; 审核账户登录事件,成功,失败; 审核账户管理,成功,失败	40	未按质量要求设置,缺一项扣5分,扣完为止		
2	调整事件日志的大小	管理工具 I 事件查看器,设置应用程序、安全性、系统三者的默认"最大日志文件大小"和"覆盖策略"	30	未按质量要求设置,扣30分		
3	调整事件日志的覆盖策略	应用程序、安全性、系统三者的"最大日志文件大小"调整为 16384K;覆盖策略调整为"改写久于30天的事件"	30	未按质量要求设置,扣30分		
	合计		100			

Jc0708342004 对系统进行配置和安全加固。(100分)

考核知识点: 操作系统基础

难易度: 中

技能等级评价专业技能考核操作工作任务书

一、任务名称

对系统进行配置和安全加固。

二、适用工种

网络安全员高级工。

三、具体任务

为进一步提高系统安全性,需要禁止匿名用户连接(空连接),禁止系统显示上次登录的用户名,删除主机默认共享,禁止 dump file 的产生。

四、工作规范及要求

要求单人操作完成。

五、考核及时间要求

(1)本考核操作时间为30分钟,时间到停止考评,包括报告整理时间。

(2)问题查找和排除过程中,如确实不能查找出问题,可向考评员申请排除问题,该项问题项目不得分,但不影响其他项目。

技能等级评价专业技能考核操作评分标准

工种	网络安全员				评价等级	高级工
项目模块	网络安全基础—对系统进行配置和安全加固			编号	Jc0708342004	
单位			准考证号		姓名	
考试时限	30分钟	题型		单项操作	题分	100分
成绩		考评员		考评组长	日期	
试题正文	对系统进行配置和安全加固					

续表

需要说明的问题和要求	由单人操作完成禁用匿名用户、禁止显示上次登录用户名、删除默认共享等系统配置及加固内容，配置内容符合下列要求					
序号	项目名称	质量要求	满分	扣分标准	扣分原因	得分
1	禁止匿名用户连接	修改注册表如下键值：HKLM\SYSTEM\CurrentControlSet\Control\Lsa "restrictanonymous" 的值修改为 "1"，类型为 REG DWORD	25	未按质量要求设置，扣25分		
2	禁止系统显示上次登录的用户名	修改注册表如下键值：HKLM\Software\Microsoft\WindowsNT\CurrentVersion\Winlogon\DontDisplayLastUserName 把 REG SZ 的键值改成 1	25	未按质量要求设置，扣25分		
3	删除主机默认共享	增加注册表键值。HKLM\SYSTEM\CurrentControlSet\Services\lanmanserver\parametersAutoshareserver 项，并设置该值为 "1"	25	未按质量要求设置，扣25分		
4	禁止 dump file 的产生	控制面板|系统属性|高级启动和故障恢复，把"写入调试信息"改成"无"	25	未按质量要求设置，扣25分		
	合计		100			

Jc0708342005 对默认安装的 Windows Server 2003 服务器进行安全加固。（100分）
考核知识点： 信息安全基础
难易度： 中

技能等级评价专业技能考核操作工作任务书

一、任务名称
对默认安装的 Windows Server 2003 服务器进行安全加固。
二、适用工种
网络安全员高级工。
三、具体任务
（1）禁止空连接进行枚举。
（2）禁止默认共享。
（3）修改注册表，删除默认共享。
四、工作规范及要求
要求单人操作完成。
五、考核及时间要求
（1）本考核操作时间为30分钟，时间到停止考评，包括报告整理时间。
（2）问题查找和排除过程中，如确实不能查找出问题，可向考评员申请排除问题，该项问题项目不得分，但不影响其他项目。

技能等级评价专业技能考核操作评分标准

工种	网络安全员			评价等级	高级工
项目模块	网络安全基础—对系统进行配置和安全加固		编号	Jc0708342005	
单位		准考证号		姓名	
考试时限	30分钟	题型	单项操作	题分	100分
成绩		考评员	考评组长	日期	

续表

试题正文	对默认安装的 Windows Server 2003 服务器进行安全加固					
需要说明的问题和要求	由单人操作完成 Windows Server 2003 服务器安全加固，要求配置内容符合下列要求					
序号	项目名称	质量要求	满分	扣分标准	扣分原因	得分
1	禁止空连接进行枚举	首先运行 regedit，找到如下主键：[HKEY_LOCAL_MACHINE\SYSTEM\CurrentContro\SetNContro\LSA]把 RestrictAnonymous=DWORD 的键值改为：00000001。OxO 缺省 0x1 匿名用户无法列举本机用户列表 O×2 匿名用户无法连接本机 IPC$共享	30	未按质量要求设置，扣30分		
2	禁止默认共享	（1）察看本地共享资源。运行-cmd-输入 net share （2）删除各共享。net share ipc$/delete net share admin$/delete net share c$/delete net share d$/delete（如果有 e，f，可以继续删除）	40	未按质量要求设置，扣40分		
3	修改注册表，删除默认共享	运行-regedit 找到如下主键[HKEY LOCAL MACHINE\SYSTEM ICurrentControlSet\Services\LanmanServer\Parameters]把 AutoShareServer（DWORD）的键值改为 0000000。如果上面所说的主键不存在，就新建（右键单击新建双字节值）一个主键再改键值	30	未按质量要求设置，扣30分		
	合计		100			

Jc0708343006 完成交换机基础配置。（100分）

考核知识点： 主机基础

难易度： 难

技能等级评价专业技能考核操作工作任务书

一、任务名称

完成交换机基础配置。

二、适用工种

网络安全员高级工。

三、具体任务

根据图 Jc0708343006 所示，完成交换机基础配置：

（1）按照图中设备名称及端口地址的标注进行配置，注意区分设备名称的大小写。

（2）在交换机 SW1、SW2、SW3 上配置 VLAN，使 PC1、PC3 属于 VLAN 2，使 PC2、PC4 属于 VLAN 3。

（3）在交换机 SW1 和 SW3 之间配置汇聚端口 Eth－Trunk 1，允许 VLAN 2、VLAN 3 通过。

（4）在交换机 SW3 上配置三层数据，使 PC1、PC2、PC3、PC4 互通。

（5）在交换机 SW1 上配置 console 口设置密码，登录方式为 password，登录密码为 123456，以明文形式存储。

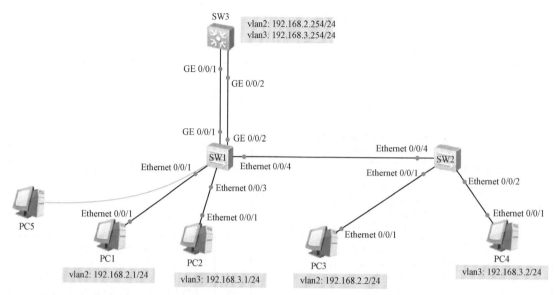

图 Jc0708343006

四、工作规范及要求

要求单人操作完成。

五、考核及时间要求

（1）本考核操作时间为 30 分钟，时间到停止考评，包括报告整理时间。

（2）问题查找和排除过程中，如确实不能查找出问题，可向考评员申请排除问题，该项问题项目不得分，但不影响其他项目。

技能等级评价专业技能考核操作评分标准

工种	网络安全员			评价等级	高级工
项目模块	主机基础—完成交换机基础配置		编号		Jc0708343006
单位		准考证号		姓名	
考试时限	30 分钟	题型	单项操作	题分	100 分
成绩		考评员	考评组长	日期	
试题正文	完成交换机基础配置				
需要说明的问题和要求	由单人完成交换机配置，要求交换机配置 VLAN，PC 端符合任务要求				

序号	项目名称	质量要求	满分	扣分标准	扣分原因	得分
1	交换机基础配置					
1.1	按照图中设备名称的标注进行配置	设备名称完成修改	15	每处设备名称及端口地址配置错误扣 5 分，扣完为止		
1.2	在交换机 SW1、SW2、SW3 上配置 VLAN，使 PC1、PC3 属于 VLAN 2，使 PC2、PC4 属于 VLAN 3	交换机上配置 VLAN 完成后，PC1、PC3 属于 VLAN 2，使 PC2、PC4 属于 VLAN 3	20	未能使 PC1、PC3 属于 VLAN 2，使 PC2、PC4 属于 VLAN 3，扣 20 分		
1.3	在交换机 SW1 和 SW3 之间配置汇聚端口 Eth-Trunk 1，允许 VLAN 2、VLAN 3 通过	交换机上配置汇聚端口完成后，VLAN 2、VLAN 3 可以通过	20	未能完成汇聚端口的配置，扣 20 分		

续表

序号	项目名称	质量要求	满分	扣分标准	扣分原因	得分
1.4	在交换机 SW3 上配置三层数据，使 PC1、PC2、PC3、PC4 互通	交换机 SW3 上配置三层数据完成后，PC1、PC2、PC3、PC4 互通	30	PC1、PC2、PC3、PC4 未能互通，扣 30 分		
1.5	在交换机 SW1 上配置 console 口设置密码，登录方式为 password，登录密码为 123456，以明文形式存储	PC6 能通过 console 登录 SW1	15	PC5 不能通过 console 登录 SW1，扣 15 分		
	合计		100			

Jc0708343007　路由器基础配置。（100 分）

考核知识点： 网络基础

难易度： 难

技能等级评价专业技能考核操作工作任务书

一、任务名称

路由器基础配置。

二、适用工种

网络安全员高级工。

三、具体任务

根据图 Jc0708343007 所示，完成路由器及交换机基础配置。

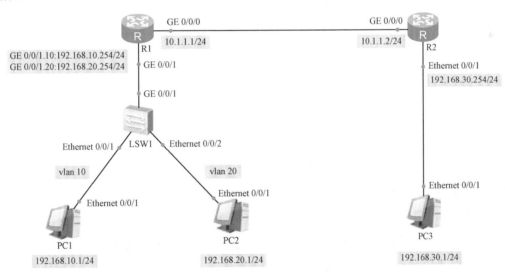

图 Jc0708343007　连接拓扑图

（1）按照图中设备名称及端口地址的标注进行配置，注意区分设备名称的大小写。

（2）在交换机上配置 VLAN，使 PC1、PC2 分别处于 VLAN 10 和 VLAN 20。

（3）在路由器 R1 配置路由器子接口，使 PC1 与 PC2 互通。

（4）在路由器 R1、R2 配置静态路由，使 PC1 与 PC3 互通。

四、工作规范及要求

要求单人操作完成。

五、考核及时间要求

（1）本考核操作时间为 60 分钟，时间到停止考评，包括报告整理时间。

（2）问题查找和排除过程中，如确实不能查找出问题，可向考评员申请排除问题，该项问题项目不得分，但不影响其他项目。

技能等级评价专业技能考核操作评分标准

工种	网络安全员				评价等级	高级工
项目模块	主机基础—路由器基础配置			编号		Jc0708343007
单位			准考证号		姓名	
考试时限	60 分钟	题型		单项操作	题分	100 分
成绩		考评员		考评组长	日期	
试题正文	路由器基础配置					
需要说明的问题和要求	由单人完成路由器基础配置，路由互通					

序号	项目名称	质量要求	满分	扣分标准	扣分原因	得分
1	路由器基础配置					
1.1	按照图中设备名称及端口地址的标注进行配置	正确完成设备名称及端口地址基础配置	30	基本工作状态检查存在遗漏，遗漏 1 项扣 5 分，扣完为止		
1.2	在交换机上配置 VLAN，使 PC1、PC2 分别处于 VLAN 10 和 VLAN 20	交换机上配置 VLAN 完成后，使 PC1、PC2 分别处于 VLAN 10 和 VLAN 20	20	未能使 PC1、PC2 分别处于 VLAN 10 和 VLAN 20，扣 20 分		
1.3	在路由器 R1 配置路由器子接口，使 PC1 与 PC2 互通	路由器 R1 完成配置后，PC1 与 PC2 互通	20	PC1 与 PC2 不互通，扣 20 分		
1.4	在路由器 R1、R2 配置静态路由，使 PC1 与 PC3 互通。	正确完成路由器静态路由基础配置	30	未实现 PC1 与 PC3 互通，扣 30 分		
	合计		100			

Jc0708343008 IPS 如何查看设备连接统计信息。（100 分）

考核知识点： 主机基础

难易度： 难

技能等级评价专业技能考核操作工作任务书

一、任务名称

IPS 如何查看设备连接统计信息。

二、适用工种

网络安全员高级工。

三、具体任务

（1）怎样进入会话管理—会话统计。

（2）根据条件源 IP、目的 IP、目的端口。

（3）生成查询详细信息。

四、工作规范及要求

要求单人操作完成。

五、考核及时间要求

（1）本考核操作时间为 30 分钟，时间到停止考评，包括报告整理时间。

（2）问题查找和排除过程中，如确实不能查找出问题，可向考评员申请排除问题，该项问题项目不得分，但不影响其他项目。

技能等级评价专业技能考核操作评分标准

工种	网络安全员				评价等级	高级工
项目模块	主机基础—IPS 如何查看设备连接统计信息			编号		Jc0708343008
单位			准考证号		姓名	
考试时限	30 分钟	题型		单项操作	题分	100 分
成绩		考评员		考评组长	日期	
试题正文	IPS 如何查看设备连接统计信息					
需要说明的问题和要求	由单人完成 IPS 设备查看链接统计信息，过程符合下列要求					

序号	项目名称	质量要求	满分	扣分标准	扣分原因	得分
1	IPS 如何查看设备连接统计信息					
1.1	怎样进入会话管理—会话统计	进入方式	25	进入不了会话统计页面，扣 25 分		
1.2	根据条件源 IP、目的 IP、目的端口	根据条件进行查询	25	找错要查询的条件，扣 25 分		
1.3	生成查询详细信息	生成查询详细信息	50	生成信息错误，扣 50 分		
	合计		100			

第四部分
技　师

第七章 网络安全员技师技能笔答

单 选 题

Jb0708271001 一个完整的密码体制，不包括（　　）要素。（3分）

A. 明文空间　　　　　B. 密文空间　　　　　C. 密钥空间　　　　　D. 数字签名

考核知识点：密码学基础

难易度：易

标准答案：D

Jb0708271002 BurpSuite 是用于 Web 应用安全测试的工具，具有很多功能，其中能拦截并显示及修改 HTTP 消息的模块是（　　）。（3分）

A. spider　　　　　B. proxy　　　　　C. intruder　　　　　D. decoder

考核知识点：信息安全基础

难易度：易

标准答案：B

Jb0708271003 黑客拿到用户的 cookie 后能做什么？（　　）（3分）

A. 能知道你访问过什么网站　　　　　B. 能从你的 cookie 中提取出账号密码

C. 能够冒充你的用户登录网站　　　　　D. 没有什么作用

考核知识点：信息安全基础

难易度：易

标准答案：C

Jb0708271004 在使用复杂度不高的口令时，容易产生弱口令的安全脆弱性，被攻击者利用，从而破解用户账户，下列选项中（　　）具有最好的口令复杂度。（3分）

A. morrison　　　　　B. Wm.*F2m5　　　　　C. 27776394　　　　　D. wangjingl977

考核知识点：信息安全基础

难易度：易

标准答案：B

Jb0708271005 网络漏洞扫描器采用基于（　　）的匹配技术。（3分）

A. 事件　　　　　B. 行为　　　　　C. 规则　　　　　D. 方法

考核知识点：信息安全基础

难易度：易

标准答案：C

Jb0708271006　AIX 中设置 6 次登陆失败后账户锁定阈值的命令为（　　　）。（3分）

A. #Chuserloginretries=6username
B. #lsuserloginretries=6username

C. #lsuserlogin=6username
D. #lsuserlogin=6username

考核知识点：网络基础

难易度：易

标准答案：A

Jb0708271007　对于运行 BGP4 的路由器，下列说法错误的是（　　　）。（3分）

A. 多条路径时，只选最优的给自己使用

B. 从 EBGP 获得的路由会向它所有 BGP 相邻体通告

C. 只把自己使用的路由通告给 BGP 相邻体

D. 从 IBGP 获得的路由会向它的所有 BGP 相邻体通告

考核知识点：网络基础

难易度：易

标准答案：D

Jb0708271008　在 MPLS VPN 技术中，下列关于 CE 说法不正确的有（　　　）。（3分）

A. 用户网络边缘设备，有接口直接与服务提供商（service provider，SP）网络相连

B. CE 可以是路由器或交换机，也可以是一台主机

C. CE "感知" 不到 VPN 的存在

D. 需要支持 MPLS

考核知识点：网络基础

难易度：易

标准答案：D

Jb0708271009　RSTP 边缘端口有什么特点？（　　　）（3分）

A. 它会保持学习状态，直到收到根桥发来的 BPDU 为止

B. 它会从侦听状态直接转换到转发状态

C. 一旦启用，它会立即转换到转发状态

D. 当它转换到禁用状态时，会产生拓扑变更并将变更信息传播给其他端口

考核知识点：网络基础

难易度：易

标准答案：C

Jb0708271010　STP 的基本原理是通过在交换机之间传递一种特殊的协议报文来确定网络的拓扑结构，（　　　）协议将这种协议报文称为 "配置报文"。（3分）

A. 802.1b
B. 802.1d
C. 802.1p
D. 802.1q

考核知识点：网络基础

难易度：易

标准答案：B

Jb0708271011 关于 Web 应用软件系统安全，说法正确的是 (   )。(3 分)

A. Web 应用软件的安全性仅仅与 Web 应用软件本身的开发有关

B. 系统的安全漏洞属于系统的缺陷，但安全漏洞的检测不属于测试的范畴

C. 黑客的攻击主要是利用黑客本身发现的新漏洞

D. 以任何违反安全规定的方式使用系统都属于入侵

考核知识点： 信息安全基础

难易度： 易

标准答案： D

Jb0708271012 Servlet 处理请求的方式为 (   )。(3 分)

A. 以运行的方式   B. 以线程的方式   C. 以程序的方式   D. 以调度的方式

考核知识点： 信息安全基础

难易度： 易

标准答案： B

Jb0708271013 关系型数据库的逻辑模型通过 (   ) 和 (   ) 组成的图形来表示。(3 分)

A. 逻辑和关系   B. 逻辑和实体   C. 实体和关系   D. 实体和表格

考核知识点： 信息安全基础

难易度： 易

标准答案： C

Jb0708271014 数据库管理系统通常提供授权功能来控制不同用户访问数据的权限，这主要是为了实现数据库的 (   )。(3 分)

A. 可靠性   B. 一致性   C. 完整性   D. 安全性

考核知识点： 数据库基础

难易度： 易

标准答案： D

Jb0708271015 以下哪项不是数据安全的特点？(   )(3 分)

A. 机密性   B. 完整性   C. 可用性   D. 抗抵赖性

考核知识点： 密码学基础

难易度： 易

标准答案： D

Jb0708272016 关于"死锁"，下列说法中正确的是 (   )。(3 分)

A. 只有出现并发操作时，才有可能出现死锁

B. 死锁是操作系统中的问题，数据库操作中不存在

C. 当两个用户竞争相同资源时不会发生死锁

D. 在数据库操作中防止死锁的方法是禁止两个用户同时操作数据库

考核知识点： 数据库基础

难易度： 中

标准答案： A

Jb0708272017　Tomcat 禁用不安全的 HTTP 方法需要修改 Web.xml 文件中（　　　）标签的内容。（3分）

A. http-options　　　　　　B. http-method　　　　　C. http-configure　　　　D. http-config

考核知识点： 中间件基础

难易度： 中

标准答案： B

Jb0708272018　关于"心脏流血"漏洞，以下说法正确的是（　　　）。（3分）

A. 主要是对 FTP 协议进行攻击

B. 主要是对 SSL 协议进行攻击

C. 主要是对 HTTP 访问的网站进行攻击

D. 主要是对 RPC 协议进行攻击

考核知识点： 中间件基础

难易度： 中

标准答案： B

Jb0708272019　Tomcat 的默认 AJP 监听端口是（　　　）。（3分）

A. 8006　　　　　　　　B. 8007　　　　　　　　C. 8008　　　　　　　　D. 8009

考核知识点： 中间件基础

难易度： 中

标准答案： D

Jb0708272020　以下哪个工具提供拦截和修改 HTTP 数据包的功能？（　　　）（3分）

A. BurpSuite　　　　　　B. Hackbar　　　　　　C. sqlmap　　　　　　D. Nmap

考核知识点： 信息安全基础

难易度： 中

标准答案： A

Jb0708272021　Tomcat 修改自定义错误界面需要修改（　　　）配置文件。（3分）

A. server.xml　　　　　　B. Web.xml　　　　　　C. config.xml　　　　　D. data.xml

考核知识点： 中间件基础

难易度： 中

标准答案： B

Jb0708272022　多用户的数据库系统的目标之一是使它的每个用户像是面对着一个单用户的数据库一样使用它，为此数据库系统必须进行（　　　）。（3分）

A. 安全性控制　　　　　B. 完整性控制　　　　　C. 可靠性控制　　　　　D. 并发性控制

考核知识点： 数据库基础

难易度： 中

标准答案： D

Jb0708272023 Metasploit 可以用于（　　　　）。（3分）

A. 漏洞扫描　　　　　B. 漏洞验证　　　　　C. 暴力破解　　　　　D. 数据加密

考核知识点：信息安全基础

难易度：中

标准答案：B

Jb0708272024 Dump 备份成功后，把备份时间记录在/etc/Dumpdates 文件的参数是（　　　）。
（3分）

A. -j　　　　　　　　B. -u　　　　　　　　C. -v　　　　　　　　D. -w

考核知识点：主机系统

难易度：中

标准答案：B

Jb0708272025 下列不属于 restore 命令参数的是（　　　）。（3分）

A. -QWE　　　　　　B. -i　　　　　　　　C. -t　　　　　　　　D. -r

考核知识点：操作系统基础

难易度：中

标准答案：A

Jb0708272026 客户端访问外网服务器网站，通过此网站的 SSRF 漏洞，读取其内网某网站根目录下的 flag.txt 文件，用（　　　）协议实现。（3分）

A. FTP　　　　　　　B. HTTP　　　　　　C. DNS　　　　　　D. DICT

考核知识点：主机系统

难易度：中

标准答案：B

Jb0708272027 TCP 协议工作在（　　　）。（3分）

A. 物理层　　　　　B. 链路层　　　　　C. 传输层　　　　　D. 应用层

考核知识点：网络基础

难易度：中

标准答案：C

Jb0708272028 无线网络一般采用 WEP/WPA/WPA2 三种安全加密方式，（　　　）方式在不使用字典的情况下，可抓包破解。（3分）

A. WEP 安全加密　　　　　　　　　B. WPA 安全加密

C. WPA2 安全加密　　　　　　　　　D. 这三种无线安全加密

考核知识点：信息安全基础

难易度：中

标准答案：A

Jb0708272029 主存容量 1MB，辅存容量 400MB，地址寄存器 24 位，则虚存最大容量是
（　　　）。（3分）

A. 1MB B. 401M C. 17MB D. 16MB

考核知识点：操作系统基础

难易度：中

标准答案：D

Jb0708272030 路由器是一种用于网络互连的计算机设备，但作为路由器，并不具备（ ）。（3分）

A. 支持多种路由协议 B. 多层交换功能

C. 支持多种可路由协议 D. 具有存储、转发、寻址功能

考核知识点：网络基础

难易度：中

标准答案：B

Jb0708272031 服务器疑似遭遇了暴力破解攻击，这时应该分析（ ）日志文件。（3分）

A. /var/log/user.log B. /var/log/auth.log C. /var/auth.log D. /var/user.log

考核知识点：信息安全基础

难易度：中

标准答案：B

Jb0708272032 PGP 加密算法是混合使用（ ）算法和 IDEA 算法，它能够提供数据加密和数字签名服务，主要用于邮件加密软件。（3分）

A. DES B. RSA C. IDEA D. AES

考核知识点：密码学基础

难易度：中

标准答案：B

Jb0708272033 Tomcat 修改端口应当修改（ ）配置文件。（3分）

A. config.xml B. server.xml C. data.xml D. port.xml

考核知识点：中间件基础

难易度：中

标准答案：B

Jb0708272034 建立动态路由需要用到的文件有（ ）。（3分）

A. /etc/hosts B. /etc/HOSTname C. /etc/resolv.conf D. /etc/gateways

考核知识点：中间件基础

难易度：中

标准答案：D

Jb0708272035 非对称密码技术的缺点有（ ）。（3分）

A. 密钥持有量减少 B. 加/解密速度慢 C. 耗用资源较少 D. 易被破解

考核知识点：密码学基础

难易度：中

标准答案：B

Jb0708272036 下列哪个选项不是上传功能常用安全检测机制？（　　）。（3分）

A. 客户端检查机制 Javascript 验证

B. 服务端 MIME 检查验证

C. 服务端文件扩展名检查验证机制

D. URL 中是否包含一些特殊标签＜、＞、script、alert

考核知识点： 信息安全基础

难易度： 中

标准答案： D

Jb0708272037 异常入侵检测的主要缺点是（　　）。（3分）

A. 阈值的正确确定非常困难　　　　　　　B. 用户的行为静态不变

C. 串联部署会对网络传输速率有影响　　　D. 依赖镜像流量

考核知识点： 信息安全基础

难易度： 中

标准答案： A

Jb0708272038 在 PDRR 模型中，（　　）是静态防护转化为动态的关键，是动态响应的依据。
（3分）

A. 防护　　　　　　　B. 检测　　　　　　　C. 响应　　　　　　　D. 恢复

考核知识点： 信息安全基础

难易度： 中

标准答案： B

Jb0708272039 网络和安防设备配置协议及策略应遵循（　　）。（3分）

A. 最小化原则　　　　B. 最大化原则　　　　C. 网络安全原则　　　D. 公用

考核知识点： 信息安全基础

难易度： 中

标准答案： A

Jb0708272040 上传漏洞前端白名单校验中，用什么软件可以绕过？（　　）（3分）

A. 菜刀　　　　　　　B. 小葵　　　　　　　C. Nmap　　　　　　　D. BurpSuite

考核知识点： 信息安全基础

难易度： 中

标准答案： D

Jb0708272041 Internet 的网络层含有四个重要的协议，分别为（　　）。（3分）

A. IP，ICMP，ARP，UDP　　　　　　　B. TCP，ICMP，UDP，ARP

C. IP，ICMP，ARP，RARP　　　　　　　D. UDP，IP，ICMP，RARP

考核知识点： 网络基础

难易度： 中

标准答案：C

Jb0708272042 以下工具中，（　　　　）能从网络上检测出网络监听软件。（3分）

A. sniffer　　　　　　B. purify　　　　　　C. Dsniff　　　　　　D. WireShark

考核知识点：网络基础

难易度：中

标准答案：A

Jb0708272043 传输层保护的网络采用的主要技术是建立在基础上的（　　　　）。（3分）

A. 可靠的传输服务，安全套接字层 SSL 协议

B. 不可靠的传输服务，S-HTTP 协议

C. 可靠的传输服务，S-HTTP 协议

D. 不可靠的传输服务，安全套接字层 SSL 协议

考核知识点：网络基础

难易度：中

标准答案：A

Jb0708272044 对并发控制若不加控制可能会带来（　　　　）问题。（3分）

A. 不安全　　　　B. 死锁　　　　C. 死机，不一致　　　　D. 不一致

考核知识点：数据库基础

难易度：中

标准答案：B

Jb0708272045 大多数使用公钥密码进行加密和数字签名的产品及标准使用的都是（　　　　）。（3分）

A. RSA 算法　　　　B. ASE 算法　　　　C. DES 算法　　　　D. IDEA 算法

考核知识点：密码学基础

难易度：中

标准答案：A

Jb0708272046 支持安全 Web 服务的协议是（　　　　）。（3分）

A. HTTP　　　　B. SOAP　　　　C. WINS　　　　D. HTTPS

考核知识点：Web 基础

难易度：中

标准答案：D

Jb0708272047 关于 redis 攻击方法说法，错误的是（　　　　）。（3分）

A. 可上传 Web 木马　　　　　　　　　B. 可获取服务器当前配置

C. 不能替换 SSH 的私钥　　　　　　　D. 可以替换 SSH 的公钥

考核知识点：信息安全基础

难易度：中

标准答案：A

Jb0708272048 PKI 无法实现（　　　）。（3分）

A. 身份认证　　　　　B. 数据的完整性　　　C. 数据的机密性　　　D. 权限分配

考核知识点： 信息安全基础

难易度： 中

标准答案： D

Jb0708272049 下列不属于数据库备份方式的是（　　　）。（3分）

A. 部分备份　　　　　B. 事务日志备份　　　C. 差异备份　　　　　D. 文件备份

考核知识点： 数据库基础

难易度： 中

标准答案： A

Jb0708272050 信息系统安全实施阶段的主要活动包括（　　　）、等级保护管理实施、等级保护技术实施、等级保护安全测评。（3分）

A. 安全方案详细设计　　　　　　　　　B. 系统定级核定

C. 安全需求分析　　　　　　　　　　　D. 产品设计

考核知识点： 规章制度

难易度： 中

标准答案： A

Jb0708272051 下面方法中不属于对恶意程序的动态分析的是（　　　）。（3分）

A. 文件校验，杀软查杀

B. 网络监听和捕获

C. 基于注册表、进程线程、替罪羊文件的监控

D. 代码仿真和调试

考核知识点： 信息安全基础

难易度： 中

标准答案： A

Jb0708272052 （　　　）是私有云计算基础架构的基石。（3分）

A. 虚拟化　　　　　B. 分布式　　　　　C. 并行　　　　　D. 集中式

考核知识点： 云平台基础

难易度： 中

标准答案： A

Jb0708272053 某 php 网站存在 apache1.x/2.x 版本的解析漏洞，通过用户头像上传一个图片码，可以通过哪种方法让这个图片码解析？（　　　）。（3分）

A. 直接请求.jpg/.php　　　　　　　　　B. 上传.php.aaa 文件

C. 使用%10 截断　　　　　　　　　　　D. 使用%20 截断

考核知识点： 信息安全基础

难易度： 中

标准答案： B

Jb0708272054 一般而言，Internet 防火墙建立在一个网络的（　　　　）。（3分）

A. 内部子网之间传送信息的中枢　　　　　B. 每个子网的内部

C. 内部网络与外部网络的交叉点　　　　　D. 部分内部网络与外部网络的结合处

考核知识点： 网络基础

难易度： 中

标准答案： C

Jb0708272055 攻击者通过对目标主机进行端口扫描，可以直接（　　　　）。（3分）

A. 获得目标主机的口令　　　　　　　　　B. 给目标主机种植木马

C. 得知目标主机使用了什么操作系统　　　D. 得知目标主机开放了哪些端口服务

考核知识点： 信息安全基础

难易度： 中

标准答案： D

Jb0708272056 在 php+mysql+apache 架构的 Web 服务中输入 GET 参数 index.php。A=1&A=2&A=3 服务器端脚本 index.php 中 GET［A］的值是（　　　　）。（3分）

A. 1　　　　　　　B. 2　　　　　　　C. 3　　　　　　　D. 1，2，3

考核知识点： 信息安全基础

难易度： 中

标准答案： C

Jb0708272057 以下（　　　　）字段内容不会出现在 TCP 报文头部的字段中。（3分）

A. 目的 IP 地址　　　B. URG　　　　　C. 窗口　　　　　D. 源端口

考核知识点： 网络基础

难易度： 中

标准答案： A

Jb0708272058 简单流分类实现外部优先级和内部优先级之间的映射。根据 MPLS 报文的（　　　　）域值、VLAN 报文的 802.1p 值对报文进行分类，建立不同网络间报文优先级的映射关系。（3分）

A. EXP　　　　　　B. LABEL　　　　　C. TTL　　　　　D. Stack

考核知识点： 网络基础

难易度： 中

标准答案： A

Jb0708272059 对于 OSPF 划分区域的必要性，下列描述不正确的是（　　　　）。（3分）

A. 减小 LSDB 的规模　　　　　　　　　　B. 减轻运行 SPF 算法的复杂度

C. 缩短路由器间 LSDB 的同步时间　　　　D. 有利于路由进行聚合

考核知识点： 网络基础

难易度： 中

标准答案： D

Jb0708272060 访问控制列表一般无法过滤的是（　　　）。（3分）

A. 进入和流出路由器接口的数据包流量　　　　B. 访问目的地址

C. 访问目的端口　　　　D. 访问服务

考核知识点： 网络基础

难易度： 中

标准答案： A

Jb0708272061 对于 QoS 技术的应用，边缘路由器和核心路由器的操作是不一样的。在通常情况下，边缘路由器执行（　　　）。（3分）

A. 拥塞管理　　　　B. 拥塞避免

C. 数据包分类和标记　　　　D. 以上都不对

考核知识点： 网络基础

难易度： 中

标准答案： C

Jb0708272062 DNS 的作用是（　　　）。（3分）

A. 为客户机分配 IP 地址　　　　B. 访问 HTTP 的应用程序

C. 将计算机名翻译为 IP 地址　　　　D. 将 MAC 地址翻译为 IP 地址

考核知识点： 网络基础

难易度： 中

标准答案： C

Jb0708272063 防火墙截断内网主机与外网通信，由防火墙本身完成与外网主机通信，然后把结果传回给内网主机，这种技术称为（　　　）。（3分）

A. 内容过滤　　　　B. 地址转换　　　　C. 透明代理　　　　D. 内容中转

考核知识点： 网络基础

难易度： 中

标准答案： C

Jb0708272064 对（　　　）数据库进行 SQL 注入攻击时，表名和字段名只能字典猜解，无法直接获取。（3分）

A. Oracle　　　　B. Access　　　　C. SQL Server　　　　D. MySQL

考核知识点： 信息安全基础

难易度： 中

标准答案： B

Jb0708272065 可通过修改 HTTP 请求头中（　　　）来伪造用户地区。（3分）

A. Referer　　　　B. X－Forwarded－For　　　　C. Accept－Language　　　　D. Host

考核知识点： 信息安全基础

难易度： 中

标准答案： C

Jb0708272066 在信息搜集阶段，在 kali 里用来查询域名和 IP 对应关系的工具是（   ）。（3分）

A. ping   B. Dig   C. tracert   D. ipconfig

考核知识点：信息安全基础

难易度：中

标准答案：B

Jb0708272067 反病毒软件采用（   ）技术较好地解决了恶意代码加壳的查杀。（3分）

A. 特征码技术   B. 校验和技术   C. 行为检测技术   D. 虚拟机技术

考核知识点：信息安全基础

难易度：中

标准答案：D

Jb0708272068 关于暴力破解密码，以下表述正确的是（   ）。（3分）

A. 就是使用计算机不断尝试密码的所有排列组合，直到找出正确的密码

B. 指通过木马等侵入用户系统，然后盗取用户密码

C. 指入侵者通过电子邮件哄骗等方法，使得被攻击者提供密码

D. 通过暴力威胁，让用户主动透露密码

考核知识点：信息安全基础

难易度：中

标准答案：A

Jb0708272069 下列哪种加密方式可以防止用户在同一台计算机上安装并启动不同操作系统，来绕过登录认证和NTFS的权限设置，从而读取或破坏硬盘上数据？（   ）（3分）

A. 文件加密   B. 全盘加密   C. 硬件加密   D. EFS加密

考核知识点：信息安全基础

难易度：中

标准答案：D

Jb0708273070 入侵检测的SQL注入和XSS攻击检测通常采用的一种方法是（   ）。（3分）

A. 基于特征的检测方法   B. 基于流量的检测方法

C. 基于原理的检测方法   D. 用正则表达式来描述特征的检测方法

考核知识点：信息安全基础

难易度：难

标准答案：C

Jb0708273071 （   ）通过监听网络中传输的数据包取得信息。（3分）

A. 被动扫描   B. 自动扫描   C. 主动扫描   D. 网络监听

考核知识点：信息安全基础

难易度：难

标准答案：A

Jb0708273072 若一物理媒体能达到的位传输速率为 64Kbit/s，采用脉码调制方法对模拟信号进行编码，每次采样使用 256 个量化级进行量化，那么允许每秒钟采样的次数是（　　　）。（3 分）

A. 256 次　　　　　B. 512 次　　　　　C. 128 次　　　　　D. 8000 次

考核知识点： 网络基础

难易度： 难

标准答案： D

Jb0708273073 Application 对象能在（　　　）间共享。（3 分）

A. 某个访问者所访问的当前页面

B. 某个访问者所访问的网站的各个页面之间

C. 该服务器上的所有的访问者的所有 JSP 页面

D. 该服务器上的所有的访问者的所有 JSP 页面和 Java 程序

考核知识点： 信息安全基础

难易度： 难

标准答案： C

Jb0708273074 包括加密协议设计、密钥服务器、用户程序和其他相关协议的是（　　　）。（3 分）

A. 密钥管理　　　　B. 密钥安全　　　　C. 密钥封装　　　　D. 密钥算法

考核知识点： 密码学基础

难易度： 难

标准答案： A

Jb0708273075 以下不属于木马特征的是（　　　）。（3 分）

A. 自动更换文件名，难于被发现

B. 程序执行时不占太多系统资源

C. 不需要服务端用户的允许就能获得系统的使用

D. 造成缓冲区的溢出，破坏程序的堆栈

考核知识点： 信息安全基础

难易度： 难

标准答案： D

Jb0708273076 客户端访问外网服务器网站，通过此网站的 SSRF 漏洞，读取其内网某服务器其他目录（非网站目录）下的文件，用（　　　）协议实现。（3 分）

A. FTP　　　　　　B. HTTP　　　　　C. FILE　　　　　D. DICT

考核知识点： 信息安全基础

难易度： 难

标准答案： C

Jb0708273077 反向连接后门和普通后门的区别是（　　　）。（3 分）

A. 主动连接控制端、防火墙配置不严格时可以穿透防火墙

B. 只能由控制端主动连接，所以防止外部连入即可

C. 这种后门无法清除

D. 根本没有区别

考核知识点： 信息安全基础

难易度： 难

标准答案： A

Jb0708273078 Metasploit 中，用于后渗透的模块是（ ）。（3分）

A. auxiliary B. post C. exploit D. payload

考核知识点： 信息安全基础

难易度： 难

标准答案： B

Jb0708273079 IS-IS 是支持分层次的 IGP，那么 IS-IS 路由协议层次之间的边界是如何部署的？（ ）（3分）

A. IS-IS 路由协议的不同分层的边界是部署在互联不同层次路由器之间的链路上

B. IS-IS 路由协议的不同分层的边界是部署 Level 1 路由器上

C. IS-IS 路由协议的不同分层的边界是部署 Level 2 路由器上

D. IS-IS 路由协议的不同分层的边界是部署 Level 1/2 路由器上

考核知识点： 网络基础

难易度： 难

标准答案： A

Jb0708273080 当数据库遭到破坏时，将其恢复到数据库破坏前的某种一致性状态，这种功能称为（ ）。（3分）

A. 数据库的安全性控制 B. 数据库的完整性控制

C. 数据库的并发控制 D. 数据库恢复

考核知识点： 数据库基础

难易度： 难

标准答案： D

Jb0708273081 SSL 提供哪些协议上的数据安全？（ ）（3分）

A. HTTP，FTP 和 TCP/IP B. SKIP，SNMP 和 IP

C. UDP，VPN 和 SONET D. PPTP，DMI 和 RC4

考核知识点： 网络基础

难易度： 难

标准答案： A

Jb0708273082 使用 Nmap 扫描时，只想知道网络上都有哪些主机正在运行的时候使用（ ）参数。（3分）

A. -sU B. -sP C. -sS D. -sA

考核知识点： 信息安全基础

难易度： 难

标准答案：B

Jb0708273083 使用 BurpSuite 的 Repeater 重放攻击 payload,状态码显示 40x,意义是( )。（3分）

A. payload 被重定向

B. payload 攻击导致服务器内部错误

C. payload 被服务器拒绝

D. payload 攻击包接受后服务器返回正常响应，不一定成功

考核知识点：信息安全基础

难易度：难

标准答案：C

Jb0708273084 SSL 产生会话密钥的方式是（ ）。（3分）

A. 从密钥管理数据库中请求获得　　　　B. 一个客户机分配一个密钥

C. 由服务器产生并分配给客户机　　　　D. 随机由客户机产生并加密后通知服务器

考核知识点：密码学基础

难易度：难

标准答案：D

多 选 题

Jb0708281085 下列关于 IDS 的说法错误的有（ ）。（5分）

A. IDS 是一个主动防护系统　　　　　　B. IDS 是一个监听设备，主要对流量进行检测

C. IDS 可以对 Web 进行防护　　　　　　D. IDS 可以阻断异常流量

考核知识点：信息安全基础

难易度：易

标准答案：ACD

Jb0708281086 下列关于 Unix 下日志的说法正确的是（ ）。（5分）

A. acct 记录当前登录的每个用户

B. acct 记录每个用户使用过的命令

C. sulog 记录 su 命令的使用情况

D. wtmp 记录每一次用户登录和注销的历史信息

考核知识点：操作系统基础

难易度：易

标准答案：CD

Jb0708281087 以下关于 SYN Flood 和 SYN cookie 技术的说法不正确的是（ ）。（5分）

A. SYN Flood 攻击主要是通过发送超大流量的数据包来堵塞网络带宽

B. SYN cookie 技术的原理是通过 SYN cookie 网关设备拆分 TCP 三次握手过程，计算每个 TCP 连接的 cookie 值，对该连接进行验证

C. SYN cookie 技术在超大流量攻击的情况下可能会导致网关设备由于进行大量的计算而失效

D. 现在 SYN Flood 攻击基本不会对网站造成损害

考核知识点：网络基础

难易度：易

标准答案：AD

Jb0708281088　任何个人和组织应当对其使用网络的行为负责，不得设立用于（　　）违法犯罪活动的网站、通信群组。（5分）

A. 实施诈骗　　　　　　　　　　　　　B. 制作或者销售违禁物品

C. 传授犯罪方法　　　　　　　　　　　D. 制作或者销售管制物品

考核知识点：规章制度

难易度：易

标准答案：ABCD

Jb0708281089　网络运营者不得（　　）其收集的个人信息，未经被收集者同意，不得向他人提供个人信息。但是，经过处理无法识别特定个人且不能复原的除外。（5分）

A. 泄露　　　　　　B. 出售　　　　　　C. 篡改　　　　　　D. 毁损

考核知识点：规章制度

难易度：易

标准答案：ACD

Jb0708281090　以下入侵行为，基于主机的 IPS 可以阻断的有（　　）。（5分）

A. 缓冲区溢出　　　　　　　　　　　　B. 改变登录口令

C. 改写动态链接库　　　　　　　　　　D. 试图从操作系统夺取控制权

考核知识点：信息安全基础

难易度：易

标准答案：ABCD

Jb0708281091　安全隔离网闸的硬件设备由（　　）组成。（5分）

A. 外部处理单元　　　　　　　　　　　B. 接口单元

C. 内部处理单元　　　　　　　　　　　D. 隔离安全数据交换单元

考核知识点：信息安全基础

难易度：易

标准答案：ACD

Jb0708282092　维吉利亚密码是古典密码体制比较有代表性的一种密码，以下不属于其密码体制采用的是（　　）。（5分）

A. 置换密码　　　　B. 单表代换密码　　　　C. 多表代换密码　　　　D. 序列密码

考核知识点：密码学基础

难易度：中

标准答案：ABD

Jb0708282093 下面能够表示"禁止从 129.9.0.0 网段中的主机建立与 202.38.16.0 网段内的主机的 WWW 端口的连接"的访问控制列表是（ ）。（5分）

A. access-list 101 deny tcp 129.9.0.0 0.0.255.255 202.38.16.0 0.0.0.255 eq www

B. access-list 100 deny tcp 129.9.0.0 0.0.255.255 202.38.16.0 0.0.0.255 eq 80

C. access-list 100 deny ucp 129.9.0.0 0.0.255.255 202.38.16.0 0.0.0.255 eq www

D. access-list 99 deny ucp 129.9.0.0 0.0.255.255 202.38.16.0 0.0.0.255 eq 80

考核知识点：网络基础

难易度：中

标准答案：AB

Jb0708282094 下列关于虚拟机快照的说法中，不正确的是（ ）。（5分）

A. 快照作为单个文件记录，存储在虚拟机的配置目录中

B. 虚拟机一次只能拍摄一张快照

C. 在拍摄快照过程中可以选择是否捕获虚拟机的内存状态

D. 只能从命令行管理快照

考核知识点：主机基础

难易度：中

标准答案：ABD

Jb0708282095 静态 VLAN 无法基于（ ）来实现的。（5分）

A. 地址   B. 协议   C. 应用   D. 位置

考核知识点：网络基础

难易度：中

标准答案：ABCD

Jb0708282096 下列说法中正确的是（ ）。（5分）

A. 计算机的运算部件能同时处理的二进制数据的位数称为字长

B. 计算机内部的数据不一定都是以二进制形式表示和存储的

C. 计算机处理的对象可以分为数值数据和非数值数据

D. 一个字通常由一个字节或若干个字节组成

考核知识点：计算机基础

难易度：中

标准答案：ACD

Jb0708282097 现有由路由器 R1，路由器 R2、路由器 R3 和路由器 R4 组成的网络。这 4 台路由器通过一个 LAN 网络互连，所有 4 台路由器都部署了基本的 OSPF。当你在路由器 R2 执行命令"display ospf peer"时，发现路由器 R2 和路由器 R3 之间的状态为"2－way"。那么从这个输出中，你能得出什么结论？（ ）（5分）

A. 路由器 R2 是 DR 或者 BDR

B. 路由器 R3 不是 DR，也不是 BDR

C. 路由器 R2 和路由器 R3 之间没有形成 full 邻接关系

D. 路由器 R2 不是 DR

考核知识点：网络基础

难易度：中

标准答案：BC

Jb0708282098 关于 IDS 和 IPS，说法不正确的是（　　）。（5 分）

A. IDS 部署在网络边界，IPS 部署在网络内部

B. IDS 适用于加密和交换环境，IPS 不适用

C. 用户需要对 IDS 日志定期查看，IPS 不需要

D. IDS 部署在网络内部，IPS 部署在网络边界

考核知识点：信息安全基础

难易度：中

标准答案：ABC

Jb0708282099 ftp 传输数据时是以（　　）方式进行传输的。（5 分）

A. 二进制　　　　　B. ASCII　　　　　C. Base64　　　　　D. 明文

考核知识点：网络基础

难易度：中

标准答案：AB

Jb0708282100 在运行 OSPF 动态路由协议时，何种情况下不用选举 DR 和 BDR？（　　）（5 分）

A. Broadcast　　　　B. NBMA　　　　C. Point-to-point　　　　D. Point-to-multipoint

考核知识点：网络基础

难易度：中

标准答案：CD

Jb0708282101 BGP Notification 报文 Error code 为 2 时表示 open 消息错误，其中包含以下哪些错误子码？（　　）（5 分）

A. 1：不支持的版本号　　　　　　　　B. 2：错误的对等体 AS 号

C. 3：错误的 BGP ID　　　　　　　　D. 4：错误的属性列表

考核知识点：网络基础

难易度：中

标准答案：ABC

Jb0708282102 以下哪个工具不能用于路由过滤？（　　）（5 分）

A. POLICY－BASDE－ROUTE　　　　　B. IP－PREFIX

C. ROUTE－POLICY　　　　　　　　　D. IP COMMUNITY－FILER

考核知识点：网络基础

难易度：中

标准答案：AD

Jb0708282103　SQL 注入通常会在哪些地方传递参数值而引起 SQL 注入？（　　　）（5 分）

A. Web 表单　　　　　　B. Cookies　　　　　C. url 包含的参数值　　D. 以上都不是

考核知识点：信息安全基础

难易度：中

标准答案：ABC

Jb0708282104　以下哪些代码会造成 php 文件包含漏洞？（　　　）（5 分）

A. include($_GET['page'])　　　　　　　　B. echo readfile($_GET['server'])

C. #include<stdio.h>　　　　　　　　　　D. require_once($_GET['page'])

考核知识点：信息安全基础

难易度：中

标准答案：ABD

Jb0708282105　下列措施中，（　　　）用于防范传输层保护不足。（5 分）

A. 对所有敏感信息的传输都要加密

B. 对于所有的需要认证访问的或者包含敏感信息的内容使用 SSL/TLS 连接

C. 可以将 HTTP 和 HTTPS 混合使用

D. 对所有的 Cookie 使用 Secure 标志

考核知识点：信息安全基础

难易度：中

标准答案：ABD

Jb0708282106　为了通过 HTTP 错误代码来显示不同错误页面，则需要修改 WebLogic 的 Web.xml 中（　　　）元素。（5 分）

A. error-page　　　　　B. error-code　　　　C. location　　　　D. error-type

考核知识点：中间件基础

难易度：中

标准答案：ABC

Jb0708283107　不是 IPSec 协议中涉及密钥管理的重要协议是（　　　）。（5 分）

A. IKE　　　　　　　B. AH　　　　　　　C. ESP　　　　　D. SSL

考核知识点：网络基础

难易度：难

标准答案：BCD

Jb0708283108　Apache Web 服务器主要有三个配置文件位于/usr/local/apache/conf 目录下，包括哪些？（　　　）（5 分）

A. httpd.conf（主配置文件）　　　　　　B. srm.conf（添加资源文件）

C. access.conf（设置文件的访问权限）　　D. version.conf（版本信息文件）

考核知识点：中间件基础

难易度：难

标准答案：ABC

判　断　题

Jb0708292109　BGP 协议是一种基于链路状态的路由协议，因此它能够避免路由环路。(　　)（3分）

    A. 对　　　　　　　　　　　　　　　　　B. 错

考核知识点：网络基础

难易度：中

标准答案：A

Jb0708292110　防火墙能够完全防止传送已被病毒感染的软件和文件。(　　)（3分）

    A. 对　　　　　　　　　　　　　　　　　B. 错

考核知识点：信息安全基础

难易度：中

标准答案：B

Jb0708292111　通过 session 方法能在不同用户之间共享数据。(　　)（3分）

    A. 对　　　　　　　　　　　　　　　　　B. 错

考核知识点：信息安全基础

难易度：中

标准答案：B

Jb0708292112　通过查看网站 Web 访问日志，可以获取 GET 方式的 SQL 注入攻击信息。(　　)（3分）

    A. 对　　　　　　　　　　　　　　　　　B. 错

考核知识点：信息安全基础

难易度：中

标准答案：A

Jb0708292113　Oracle 默认情况下，口令的传输方式是加密的。(　　)（3分）

    A. 对　　　　　　　　　　　　　　　　　B. 错

考核知识点：数据库基础

难易度：中

标准答案：B

Jb0708292114　WebLogic 日志的存放路径按照系统默认即可，不必考虑其存放位置是否安全。(　　)（3分）

    A. 对　　　　　　　　　　　　　　　　　B. 错

考核知识点：中间件基础

难易度：中

标准答案：B

Jb0708293115　Web 界面可以通过 SSL 加密用户名和密码，非 Web 的图形界面如果既没有内

部加密，也没有 SSL，可以使用隧道解决方案，如 SSH。（   ）（3分）

    A. 对   B. 错

考核知识点：Web 基础

难易度：难

标准答案：A

Jb0708293116 OSPF 支持多进程，在同一台路由器上可以运行多个不同的 OSPF 进程，它们之间互不影响，彼此独立。不同 OSPF 进程之间的路由交互相当于不同路由协议之间的路由交互。（   ）（3分）

    A. 对   B. 错

考核知识点：网络基础

难易度：难

标准答案：A

Jb0708293117 两台路由器通过多条物理链路建立一个逻辑 BGP 对等体时，必须使用 peer connect–interface 命令。（   ）（3分）

    A. 对   B. 错

考核知识点：网络基础

难易度：难

标准答案：B

Jb0708293118 RSA 算法的安全是基于分解两个大素数乘积的困难。（   ）（3分）

    A. 对   B. 错

考核知识点：密码学基础

难易度：难

标准答案：A

Jb0708293119 云平台二级安全域与三级安全域之间的横向边界不需要部署虚拟防火墙、虚拟入侵防御设备。（   ）（3分）

    A. 对   B. 错

考核知识点：云平台基础

难易度：难

标准答案：B

Jb0708293120 SQL 注入常见产生的原因有：转义字符处理不当、后台查询语句处理不当、SQL语句被拼接。（   ）（3分）

    A. 对   B. 错

考核知识点：信息安全基础

难易度：难

标准答案：A

Jb0708293121 修改 Tomcat/conf/Tomcat-users.xml 配置文件，可以修改或添加账号。（   ）（3分）

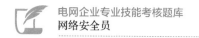
A. 对   B. 错

考核知识点： 中间件基础

难易度： 难

标准答案： A

Jb0708293122   当对无线网络使用 DeAuth 攻击时，会强制断开合法无线客户端，导致无线网络的用户频繁出现掉线的现象。（   ）（3分）

A. 对   B. 错

考核知识点： 信息安全基础

难易度： 难

标准答案： A

简 答 题

Jb0708231123   安全接入平台网关主要包含哪些？（10分）

考核知识点： 网络基础

难易度： 易

标准答案：

采集接入网关、移动接入网关、视频接入网关。

Jb0708231124   restore 命令参数有哪些？（10分）

考核知识点： 主机系统

难易度： 易

标准答案：

-i、-t、-r。

Jb0708231125   等级测评实施过程中可能存在的风险主要有哪些？至少写出两个答案。（10分）

考核知识点： 规章制度

难易度： 易

标准答案：

验证测试影响系统正常运行，工具测试影响系统正常运行，敏感信息泄露。

Jb0708231126   Oracle 脱机备份的优点有哪些？至少写出两个答案。（10分）

考核知识点： 数据库基础

难易度： 易

标准答案：

Oracle 脱机备份是非常快速的备份方法（只需拷贝文件）；容易归档（简单拷贝即可）；容易恢复到某个时间点上；低度维护，高度安全；能与归档方法相结合，做数据库"最佳状态"的恢复。

Jb0708231127   WAF 的 Web 安全功能主要有哪些？至少写出两个答案。（10分）

考核知识点： 网络基础安全

难易度： 易

标准答案：

Web 攻击防护、敏感数据防泄露、网页防篡改。

Jb0708231128 可以在一定程度上防止 CSRF 攻击方法有哪些？至少写出两个答案。(3 分)

考核知识点：信息安全基础

难易度：易

标准答案：

通过验证 HTTP Referer 字段来防治；在每个请求中加入 token；在请求中加入验证码机制；直接使用网络专线，内部系统不与外部系统有直接的网络交互。

Jb0708231129 关于 WEP 和 WPA 加密方式的相关特性有哪些？至少写出两个答案。(10 分)

考核知识点：网络基础

难易度：易

标准答案：

802.11i 协议中首次提出 WPA 加密方式；WEP 口令无论多么复杂，都很容易遭到破解。

Jb0708231130 关于"AV 终结者"病毒的特点有哪些？至少写出两个答案。(10 分)

考核知识点：病毒基础知识

难易度：易

标准答案：

利用 U 盘自动播放的功能传播；下载并运行其他盗号病毒和恶意程序；会生成后缀名为.dat、.dll、.chm 的文件，能够自动复制病毒文件和 utorun.inf 文件。

Jb0708231131 在 NetFlow 的数据记录中，有一些数据也可以通过 RMON 获得，可以通过 RMON 获得的数据有哪些？至少写出两个答案。(10 分)

考核知识点：网络基础

难易度：易

标准答案：

数据流开始和结束的时间，输入和输出端口号，数据流的流量（按分组计数和按比特计数），服务类型的标识以及 TCP 的相关信息（源、目的地址和端口号）。

Jb0708231132 统一威胁管理系统（UTM）的特点有哪些？至少写出两个答案。(10 分)

考核知识点：信息安全基础

难易度：易

标准答案：

部署 UTM 可以有效降低成本，部署 UTM 可以降低信息安全工作强度，部署 UTM 可能降低网络性能和稳定性。

Jb0708231133 防火墙的作用有哪些？至少写出两个答案。(10 分)

考核知识点：网络基础

难易度：易

标准答案：

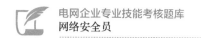

过滤进出网络的数据，管理进出网络的访问行为，封堵某些禁止的行为，记录通过防火墙的信息内容和活动。

Jb0708231134 "熊猫烧香"病毒的特点有哪些？至少写出两个答案。（10分）

考核知识点：病毒基础知识

难易度：易

标准答案：

感染操作系统 exe 程序，感染 html 网页面文件，利用了 MS06−014 漏洞传播。

Jb0708231135 木马传播途径有哪些？至少写出两个答案。（10分）

考核知识点：信息安全基础

难易度：易

标准答案：

通过网页传播，通过下载文件传播，通过电子邮件的附件传播，通过聊天工具传播。

Jb0708231136 安全接入平台支持加密算法类型有哪些？至少写出两个答案。（10分）

考核知识点：信息安全基础

难易度：易

有哪些，至少写出两个答案。

标准答案：

sm1、sm2、sm3、sm4。

Jb0708231137 基于入侵检测技术的入侵检测系统一般由哪些部件组成？至少写出两个答案。（10分）

考核知识点：信息安全基础

难易度：易

标准答案：

信息采集部件、入侵分析部件、入侵响应部件。

Jb0708231138 可以广泛地支持各种开放平台的备份软件有哪些？至少写出两个答案。（10分）

考核知识点：主机系统

难易度：易

标准答案：

Netbackup、NetWorker、Tivoli。

Jb0708231139 GoodSync 支持的同步环境有哪些？至少写出两个答案。（10分）

考核知识点：数据库基础

难易度：易

标准答案：

本地同步、Windows Share、FTP/SFTP、WebdaV。

Jb0708231140 可以帮助我们防止针对网站的 SQL 注入措施有哪些？至少写出两个答案。

（10 分）

考核知识点：信息安全基础

难易度：易

标准答案：

关闭 DB 中不必要的扩展存储过程，编写安全的代码，尽量不用动态 SQL，对用户数据进行严格检查过滤，关闭 Web 服务器中的详细错误提示。

Jb0708231141　网络流量计费的管理系统有哪些？至少写出两个答案。（10 分）

考核知识点：信息安全基础

难易度：易

标准答案：

基于代理服务器的网络计费管理系统，基于路由器的网络计费管理系统，基于防火墙的网络计费管理系统，基于以太网广播特性的网络计费管理系统。

Jb0708231142　入侵检测产品所面临的挑战主要有哪些？至少写出两个答案。（10 分）

考核知识点：信息安全基础

难易度：易

标准答案：

黑客的入侵手段多样化，大量的误报和漏报，恶意信息采用加密的方法传输，缺乏客观的评估与测试信息。

Jb0708231143　入侵检测系统的体系结构大致可以分为哪些？至少写出两个答案。（10 分）

考核知识点：信息安全基础

难易度：易

标准答案：

基于主机型、基于网络型、基于主体型。

Jb0708231144　某企业网站主机被 DoS 攻击，对 DoS 攻击有防御效果的方法有哪些？至少写出两个答案。（10 分）

考核知识点：信息安全基础

难易度：易

标准答案：

增加主机服务器资源、性能，部署使用专用抗 DoS 攻击设备，提高出口网络带宽，更改边界设备过滤部分异常 IP 地址。

Jb0708231145　入侵检测系统的主要功能可以概括为哪些？至少写出两个答案。（10 分）

考核知识点：信息安全基础

难易度：易

标准答案：

监视并分析用户和系统的活动，查找非法用户和合法用户的越权操作，检测系统配置的正确性和安全漏洞，发现入侵行为的规律。

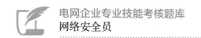

Jb0708231146 进行网络故障的隔离和诊断中通常的测试有哪些？至少写出两个答案。（10分）

考核知识点： 信息安全基础

难易度： 易

标准答案：

连接饱和性测试，响应时间测试，连接性测试，数据完整性测试。

Jb0708231147 作为第三方浏览者，防范网页挂马攻击的方法有哪些？（10分）

考核知识点： 信息安全基础

难易度： 易

标准答案：

及时给系统和软件打最新补丁，安装查杀病毒和木马的软件。

Jb0708231148 入侵防御系统可以防护哪些风险？至少写出两个答案。（10分）

考核知识点： 信息安全基础

难易度： 易

标准答案：

目录探测、Web Scan、SQL 注入、跨站脚本。

Jb0708231149 入侵检测系统由三个部分组成，它们分别是什么？至少写出两个答案。（10分）

考核知识点： 信息安全基础

难易度： 易

标准答案：

感应器、分析器、管理器。

Jb0708231150 IPS 产品的接入方式包括哪些？（10分）

考核知识点： 网络基础

难易度： 易

标准答案：

串联接入、并联接入。

Jb0708231151 VRRP 虚拟路由器的三种状态有哪些？至少写出两个答案。（10分）

考核知识点： 网络基础

难易度： 易

标准答案：

Initialize、Master、Backup。

Jb0708231152 SQL 注入攻击有可能产生的危害有哪些？（10分）

考核知识点： 信息安全基础

难易度： 易

标准答案：

网页被挂木马，未经授权状况下操作数据库中的数据，私自添加系统账号。

Jb0708231153 CPU 的组成包括什么？（10 分）

考核知识点：主机系统

难易度：易

标准答案：

指令寄存器、指令译码器、地址寄存器。

Jb0708231154 什么是 WAF？（10 分）

考核知识点：信息安全基础

难易度：易

标准答案：

Web 应用防护系统（web application firewall，WAF），又称网站应用级入侵防御系统，是通过执行一系列针对 HTTP/HTTPS 的安全策略来专门为 Web 应用提供保护的一款产品。

Jb0708231155 Apache 服务器中的访问日志文件的文件名称是什么？（10 分）

考核知识点：中间件基础

难易度：易

标准答案：

ccess_log。

Jb0708232156 nessus 可以扫描的目标地址可以是哪些？（10 分）

考核知识点：信息安全基础

难易度：中

标准答案：

单一的主机地址、IP 范围、网段、导入的主机列表的文件。

Jb0708232157 Microsoft SQL Server 数据库的三种可供选择的恢复模型是什么？（10 分）

考核知识点：数据库基础

难易度：中

标准答案：

Simple（简单）、full（完整）、Bulk－loggeD（批量日志）。

Jb0708232158 密码分析是研究密码的破译问题。根据密码分析者所获得的数据资源，可以将密码分析攻击分为哪些？（10 分）

考核知识点：密码学基础

难易度：中

标准答案：

惟密文分析、已知明文分析攻击、选择明文分析、选择密文分析攻击。

Jb0708232159 计算机安全事件包括几个方面？（10 分）

考核知识点：计算机基础

难易度：中

标准答案：

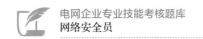
重要安全技术的采用；安全标准的贯彻；安全制度措施的建设和实施；重大安全隐患、违法违规的发现，事故的发生。

Jb0708232160　如果认为自己已经落入网络钓鱼的圈套，则应采取的措施有哪些？至少写出两个答案。（10分）

考核知识点：社会工程学基础

难易度：中

标准答案：

向电子邮件地址或网站被伪造的公司报告该情形，更改账户的密码，立即检查财务报表，备份系统日志。

Jb0708232161　SNMP 代理的功能有哪些？至少写出两个答案。（10分）

考核知识点：网络基础

难易度：中

标准答案：

网络管理工作站可以为一个特定的自陷设置阈值；网络管理工作站可以从代理中获得关于设备的信息；网络管理工作站可以修改、增加或者删除代理中的表项；代理可以向网络管理工作站发送自陷。

Jb0708232162　安全接入网关远程管理的方法有哪些？至少写出两个答案。（10分）

考核知识点：网络基础

难易度：中

标准答案：

通过 SSH 远程管理，通过 Web 远程管理。

Jb0708232163　入侵检测系统的主要功能有哪些？至少写出两个答案。（10分）

考核知识点：信息安全基础

难易度：中

标准答案：

监测并分析系统和用户的活动，核查系统配置和漏洞，评估系统关键资源和数据文件的完整性，识别已知和未知的攻击行为。

Jb0708232164　数据库安全服务可以保护的数据库有哪些？至少写出两个答案。（10分）

考核知识点：数据库基础

难易度：中

标准答案：

RDS 关系型数据库、ECS 自建数据库、BMS 自建数据库。

Jb0708232165　VPC 中可以使用的网络类型有哪些？至少写出两个答案。（10分）

考核知识点：网络基础

难易度：中

标准答案：

直连网络、路由网络、内部网络。

Jb0708232166　防火墙的日志管理应遵循的原则有哪些？至少写出两个答案。（10 分）

考核知识点：网络基础

难易度：中

标准答案：

本地保存日志并把日志保存到日志服务器上，保持时钟的同步。

Jb0708232167　隐写查看图片基本信息一般常用工具有哪些？至少写出两个答案。（10 分）

考核知识点：信息安全基础

难易度：中

标准答案：

记事本、Notepad++、WinHex。

Jb0708232168　DSL 是以铜质电话线为传输介质的传输技术组合，它包括哪些类型？至少写出两个答案。（10 分）

考核知识点：网络基础

难易度：中

标准答案：

HDSL、SDSL、VDSL、ADSL。

Jb0708232169　端口聚合带来的优势有哪些？至少写出两个答案。（10 分）

考核知识点：网络基础

难易度：中

标准答案：

提高链路带宽，实现流量负荷分担，提高网络的可靠性，便于复制数据进行分析。

Jb0708232170　IS-IS 的 Hello 报文主要分为哪几种类型？至少写出两个答案。（10 分）

考核知识点：IS-IS

难易度：中

标准答案：

LEVEL-1LANLLH、LEVEL-2LANLLH、P2PLANLLH。

Jb0708232171　BGP 中的公认属性有哪些特点？至少写出两个答案。（10 分）

考核知识点：网络基础

难易度：中

标准答案：

BGP 必须识别所有公认属性；公认必遵属性是所有 BGP 设备都可以识别，且必须存在于 Update 消息中的属性；公认任意属性是所有 BGP 设备都可以识别，但不要求必须存在于 Update 消息中的属性。

Jb0708232172　在 ROUTE-POLICY 中，能够用于 APPLY 子句的 BGP 属性有哪些？至少写出两个答案。（10 分）

考核知识点：网络基础

难易度：中

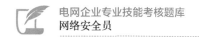
标准答案：

LOCAL – PREFERENCE、MED、AS – PATH。

Jb0708232173　XSS 攻击常见的手法有哪些？至少写出两个答案。(10 分)

考核知识点：信息安全基础

难易度：中

标准答案：

盗取 Cookie、点击劫持、修改管理员密码。

Jb0708231174　nessus 可以将扫描结果生成为哪些类型的文件？至少写出两个答案。(10 分)

考核知识点：信息安全基础

难易度：易

标准答案：

TXT、PDF、HTML。

Jb0708232175　加强 SQL Server 安全的常见手段有哪些？至少写出两个答案。(10 分)

考核知识点：数据库基础

难易度：中

标准答案：

IP 安全策略里面，将 TCP1433、UDP1434 端口拒绝所有 IP；打最新补丁；去除一些非常危险的存储过程。

Jb0708232176　请简述 Webshell 的含义及功能。(10 分)

考核知识点：信息安全基础

难易度：中

标准答案：

Webshell 指的是 Web 服务器上的某种权限，Webshell 可以穿越服务器防火墙，Webshell 也会被管理员用来作为网站管理工具。

Jb0708232177　安卓开发的四大组件是什么？（10 分）

考核知识点：开发基础

难易度：中

标准答案：

activity、service、broadcast receiver、content provider。

Jb0708232178　Oracle 支持的加密方式有哪些？请至少写出两个。(10 分)

考核知识点：数据库基础

难易度：中

标准答案：

DES、RC4_256、RC4_40、DES40。

Jb0708232179　防火墙的作用有哪些？（10 分）

考核知识点：网络基础

难易度：中
标准答案：

过滤进出网络的数据，管理进出网络的访问行为，封堵某些禁止的行为，记录通过防火墙的信息内容和活动。

Jb0708232180 IPsec 服务由哪三个协议构成？（10 分）

考核知识点：网络基础

难易度：中

标准答案：

AH 协议、ESP 协议、IKE 协议。

Jb0708232181 请简述 Metasploit 的功能。（10 分）

考核知识点：信息安全基础

难易度：中

标准答案：

Metasploit 是一款开源的安全漏洞检测工具，可以帮助安全人员和 IT 专业人士识别安全性问题，验证漏洞的缓解措施，并管理专家驱动的安全性进行评估，提供真正的安全风险情报。这些功能包括智能开发、代码审计、Web 应用程序扫描、社会工程学攻击。

Jb0708233182 路由器有哪些功能？（10 分）

考核知识点：网络基础

难易度：难

标准答案：

地址映射、数据转换、路由选择、协议转换。

Jb0708233183 数据库运行中可能产生的故障有哪些？（10 分）

考核知识点：数据库基础

难易度：难

标准答案：

事务内部的故障、系统故障、介质故障、计算机病毒。

Jb0708233184 在安全网关上对网络接口 eth1 的通信数据进行抓包的命令是什么？（10 分）

考核知识点：信息安全基础

难易度：难

标准答案：

tcpdump-i eth1。

Jb0708233185 攻击者溯源详情信息包括：设备指纹、社交信息、位置信息等，请详细描述设备指纹信息都有哪些。（10 分）

考核知识点：信息安全基础

难易度：难

标准答案：

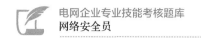

设备指纹展示该攻击者攻击时的源设备信息，包含攻击时使用的主机和浏览器的信息。具体包括：是否是触控屏、平板电脑；触屏手机是否属于触控屏；是否安装 unity（unity 是一款跨平台 2D/3D 游戏引擎）；是否是移动端（笔记本电脑、台式电脑均不属于移动端）；浏览器指纹：由内置算法生成的浏览器指纹，可唯一地定位某台主机某个浏览器。

Jb0708233186 云服务中租户间的网络如何实现隔离？VDC 间的网络如何实现隔离？VPC 内的网络如何实现隔离？（10 分）

考核知识点：网络基础

难易度：难

标准答案：

从云服务层来看，租户间的网络隔离及 VDC 间的网络隔离，可以通过将云主机放入不同的 VPC 内实现。VPC 内的网络隔离，通过进一步创建不同的网络实现。从底层来看，网络的隔离，无外乎物理隔离及二层隔离。租户间的网络、VDC 间的网络甚至是 VPC 内的网络，可以通过划入不同物理网络或同一物理网络不同 VLAN 或不同 VXLAN 实现网络隔离。

Jb0708233187 计算机病毒的危害有哪些？至少写出两个答案。（10 分）

考核知识点：病毒基础知识

难易度：难

标准答案：

删除数据、阻塞网络、泄露信息。

Jb0708233188 安全接入主要平台功能有哪些？至少写出两个答案。（10 分）

考核知识点：信息安全基础

难易度：难

标准答案：

身份认证、数据加密、访问控制。

Jb0708233189 修改 vsftp 默认端口可使用哪些方法？至少写出两个答案。（10 分）

考核知识点：系统基础

难易度：难

标准答案：

修改防火墙规则，修改 vsftpd.Conf 文件修改监听端口，修改/etc/services 文件。

Jb0708233190 X-scan 扫描器的功能有哪些？至少写出两个答案。（10 分）

考核知识点：信息安全基础

难易度：难

标准答案：

可以进行端目扫，对于一些已知的 CGI 和 RPC 漏洞可以多线程扫描。

Jb0708233191 有害数据通过在信息网络中的运行，主要产生的危害有哪些？至少写出两个答案。（10 分）

考核知识点：信息安全基础

难易度： 难

标准答案：

攻击国家政权，危害国家安全；破坏社会治安秩序；破坏计算机信息系统，造成经济和社会的巨大损失；造成个人财产流失。

Jb0708233192 WebLogic SSRF 漏洞检测方法有哪些？至少写出两个答案。（10 分）

考核知识点： 信息安全基础

难易度： 难

标准答案：

检测 WebLogic 版本是否在受影响范围内，查看打补丁情况，检测是否对外开放 7001 端口，利用 SSRFPOC 或 exp 脚本检测。

Jb0708233193 进程隐藏技术有哪些？至少写出两个答案。（10 分）

考核知识点： 信息安全基础

难易度： 难

标准答案：

API Hook，DLL 注入，将自身进程从活动进程链表上摘除，修改显示进程的命令。

Jb0708233194 配置 PAT 的两个必要步骤是什么？（10 分）

考核知识点： 信息安全基础

难易度： 难

标准答案：

定义拒绝应被转换地址的标准访问列表；定义要使用的端口范围及用于过载转换的全局地址池。

Jb0708233195 Nginx 服务器的特性有哪些？至少写出两个答案。（10 分）

考核知识点： 中间件基础

难易度： 难

标准答案：

支持反向代理/L7 负载均衡器；支持嵌入式 Perl 解释器；支持动态二进制升级；可用于重新编写 URL，具有非常好的 PCRE 支持。

Jb0708233196 某台路由器上配置了如下一条访问列表，表示什么？（10 分）

access-list 4 deny 202.38.0.0 0.0.255.255

access-list 4 permit 202.38.160.1 0.0.0.255

考核知识点： 网络基础

难易度： 难

标准答案：

检查源 IP 地址，禁止 202.38.0.0 大网段的主机，但允许其中的 202.38.160.0 小网段上的主机。

Jb0708233197 数据交换系统从内网 SSH 到外网命令是什么？（10 分）

考核知识点： 信息安全基础

难易度： 难

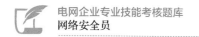

标准答案：

ssh-p 6702 147.252.148.2。

Jb0708233198　Web 系统访问日志中有大量类似 http://xx.xx.xx.xx/inDex.php?iD=1'AnD'1'='1 的访问记录，可判断存在什么攻击行为？（10 分）

　　考核知识点：信息安全基础

　　难易度：难

　　标准答案：

　　SQL 注入。

Jb0708233199　由于未对输入做过滤造成的漏洞有哪些？至少写出两个答案。（10 分）

　　考核知识点：信息安全基础

　　难易度：难

　　标准答案：

　　缓冲区溢出、SQL 注入、XSS、命令行注入。

Jb0708233200　使用网络漏洞扫描程序能够发现的漏洞有哪些？至少写出两个答案。（10 分）

　　考核知识点：信息安全基础

　　难易度：难

　　标准答案：

　　用户的弱口令，操作系统的版本，系统提供的网络服务。

Jb0708233201　可以通过哪些方法，限制对 Linux 系统服务的访问？（10 分）

　　考核知识点：系统基础

　　难易度：难

　　标准答案：

　　配置 xinetd.conf 文件，通过设定 IP 范围，来控制访问源；通过 TCP wrapper 提供的访问控制方法；通过配置 iptable，来限制或者允许访问源和目的地址。

Jb0708233202　在云数据中心，虚拟机的虚拟交换技术有哪些类型？至少写出两个答案。（10 分）

　　考核知识点：云平台基础

　　难易度：难

　　标准答案：

　　基于软件的虚拟交换，基于智能网卡的虚拟交换，基于物理交换机的虚拟交换。

Jb0708233203　Linux 修改缺省密码长度限制的配置文件是什么？（10 分）

　　考核知识点：系统基础

　　难易度：难

　　标准答案：

　　/etc/login.defs。

Jb0708233204　SSL 是 OSI 模型哪一层的加密协议？（10 分）

考核知识点：网络基础

难易度：难

标准答案：

传输层。

Jb0708233205　一般情况下，默认安装的 Apache Tomcat 会报出详细的 banner 信息，修改 Apache Tomcat 哪个配置文件可以隐藏 banner 信息？（10 分）

考核知识点：中间件基础

难易度：难

标准答案：

web.xml。

Jb0708233206　请简述软件逆向分析的一般流程。（10 分）

考核知识点：网络安全基础

难易度：难

标准答案：

解码/反汇编、中间语言翻译、数据流分析、控制流分析。

Jb0708233207　请写出四种 XSS 攻击常见的手法。（10 分）

考核知识点：网络安全基础

难易度：难

标准答案：

盗取 cookie、点击劫持、修改管理员密码、getshell。

Jb0708233208　信息应急管理遵循的原则是？（10 分）

考核知识点：规章制度

难易度：难

标准答案：

统一领导、分级负责、预防为主、常备不懈。

Jb0708233209　VLAN 的主要作用是什么？（10 分）

考核知识点：网络基础

难易度：难

标准答案：

保证网络安全、彻底抑制广播风暴、简化网络管理、提高网络设计灵活性。

Jb0708233210　IS-IS 协议路由计算主要包括哪几个主要步骤？（10 分）

考核知识点：网络基础

难易度：难

标准答案：

邻居关系建立、链路信息交换、路由计算。

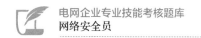

Jb0708233211　链路聚合有什么作用？（10分）

考核知识点：网络基础

难易度：难

标准答案：

提升网络可靠性、增加带宽、实现负载分担。

Jb0708233212　MySQL 复制在处理数据时，有哪几种模式？（10分）

考核知识点：数据库基础

难易度：难

标准答案：

基于语句复制的 SBR、基于记录复制的 RBR、基于混合复制的 MBR。

Jb0708233213　写出为 IPsec 服务三个协议。（10分）

考核知识点：网络基础

难易度：难

标准答案：

AH 协议、ESP 协议、IKE 协议。

Jb0708233214　Windows 系统中的审计日志包括哪些内容？（10分）

考核知识点：操作系统基础

难易度：难

标准答案：

系统日志（System Log）、安全日志（Security Log）、应用程序日志（Applications Log）。

Jb0708233215　系统加固的主要目的是什么？（10分）

考核知识点：操作系统基础

难易度：难

标准答案：

（1）减小系统自身的脆弱性。

（2）提高攻击系统的难度。

（3）减少安全事件造成的影响。

Jb0708233216　数据备份通常有哪几种方式？（10分）

考核知识点：数据库基础

难易度：难

标准答案：

差异备份、增量备份、完全备份。

Jb0708233217　Oracle 支持的加密方式有哪些？至少写出两点。（10分）

考核知识点：数据库基础

难易度：难

标准答案：

DES、RC4_256、RC4_40　DES40

Jb0708233218　OSPF 协议支持的网络类型有哪些？至少写出两点。(10 分)
考核知识点：网络基础
难易度：难
标准答案：
（1）Point-to-Point。
（2）Non-Broadcast Multi-Access。

Jb0708233219　BGP 通过 Open 报文协商的参数哪些？至少写出两点。(10 分)
考核知识点：网络基础
难易度：难
标准答案：
本地路由器标识、Router ID、BGP 版本、BGP 连接保持时间、认证信息。

第八章　网络安全员技师技能操作

Jc0708241001　使用防火墙，端口过滤 139、445 端口。（100 分）

考核知识点：网络安全基础

难易度：易

技能等级评价专业技能考核操作工作任务书

一、任务名称

使用防火墙，端口过滤 139、445 端口。

二、适用工种

网络安全员技师。

三、具体任务

如何对默认安装的 Windows Server 2003 服务器进行安全加固，使用防火墙，端口过滤 139、445 端口。

四、工作规范及要求

要求单人操作完成。

五、考核及时间要求

（1）本考核操作时间为 30 分钟，时间到停止考评，包括报告整理时间。

（2）问题查找和排除过程中，如确实不能查找出问题，可向考评员申请排除问题，该项问题项目不得分，但不影响其他项目。

技能等级评价专业技能考核操作评分标准

工种	网络安全员			评价等级	技师
项目模块	网络安全基础—使用防火墙，端口过滤 139、445 端口		编号		Jc0708241001
单位		准考证号		姓名	
考试时限	30 分钟	题型	单项操作	题分	100 分
成绩		考评员		考评组长	日期
试题正文	使用防火墙，端口过滤 139、445 端口				
需要说明的问题和要求	由单人完成 WindowsServer2003 服务器防火墙配置，完成指定端口过滤				

序号	项目名称	质量要求	满分	扣分标准	扣分原因	得分
1	取消"文件和打印机共享"与网络适配器的绑定	鼠标右键单击桌面上的网络邻居 I 属性 I 本地连接属性，去掉"Microsoft 网络的文件和打印机共享"前面的钩，解开文件和打印机共享绑定。这样就会禁止所有从 139 和 445 端口来的请求，别人就看不到本机的共享了	25	未按质量要求设置，扣 25 分		

续表

序号	项目名称	质量要求	满分	扣分标准	扣分原因	得分
2	利用 TCP/IP 筛选	鼠标右击桌面上的网络邻居属性 I 本地连接 I 属性,打开"本地连接属性"对话框。选择 Internet 协议(TCP/IP)I 属性 I 高级 I 选项,在列表中单击选中"TCP/IP 筛选"选项。单击属性按钮,选择"只允许",再单击添加按钮,填入除了 139 和 445 之外要用到的端口。这样别人使用扫描器对 139 和 445 两个端口进行扫描时,将不会有任何回应	25	未按质量要求设置,扣 25 分		
3	使用 IPSec 安全策略阻止对端口 139 和 445 的访问	选择我的电脑 I 控制面板 I 管理工具 I 本地安全策略 IIP 安全策略,在本地机器,在这里定义一条阻止任何 IP 地址从 TCP139 和 TCP445 端口访问 IP 地址的 IPSec 安全策略规则,这样别人使用扫描器扫描时,本机的 139 和 445 两个端口也不会给予任何回应	25	未按质量要求设置,扣 25 分		
4	使用防火墙防范攻击	在防火墙中也可以设置阻止其他机器使用本机共享。在个人防火墙,选择一条空规则,设置数据包方向为"接收",对方 IP 地址选"任何地址",协议设定为"TCP",本地端口设置为"139 到 139",对方端口设置为"0 到 0"设置标志位为"SYN",动作设置为"拦截",最后单击确定按钮,并在"自定义 IP 规则"列表中勾选此规则即可启动拦截 139 端口攻击	25	未按质量要求设置,扣 25 分		
	合计		100			

Jc0708241002 服务器禁 PING。(100 分)

考核知识点:网络安全基础

难易度:易

技能等级评价专业技能考核操作工作任务书

一、任务名称

服务器禁 PING。

二、适用工种

网络安全员技师。

三、具体任务

用防火墙完成。

四、工作规范及要求

要求单人操作完成。

五、考核及时间要求

(1)本考核操作时间为 30 分钟,时间到停止考评,包括报告整理时间。

(2)问题查找和排除过程中,如确实不能查找出问题,可向考评员申请排除问题,该项问题项目不得分,但不影响其他项目。

技能等级评价专业技能考核操作评分标准

工种	网络安全员			评价等级	技师
项目模块	网络安全基础—服务器禁 PING		编号		Jc0708241002
单位		准考证号		姓名	
考试时限	30 分钟	题型	单项操作	题分	100 分
成绩		考评员	考评组长	日期	
试题正文	服务器禁 PING				
需要说明的问题和要求	由单人完成服务器禁 PING 操作，并实现以下要求				

序号	项目名称	质量要求	满分	扣分标准	扣分原因	得分
1	使用 echo 命令，使主机不响应 ICMP 包	echo 1＞/proc/sys/net/ipv4/icmp_ignore_all	40	未按质量要求设置，扣 40 分		
2	用防火墙禁止（或丢弃）icmp 包	iptables－AINPUT－picmp－jDROP	30	未按质量要求设置，扣 30 分		
3	查看是否对所有用 ICMP 通信的包不予响应	PING TRACERT	30	未按质量要求设置，扣 30 分		
	合计		100			

Jc0708241003　配置防火墙。（100 分）
考核知识点： 网络安全基础
难易度： 易

技能等级评价专业技能考核操作工作任务书

一、任务名称
配置防火墙。

二、适用工种
网络安全员技师。

三、具体任务
某房间墙上有 1 个网口，可以为 MAC 地址为（00－FF－E4－4C－27－8A）的设备提供（ip－mac）绑定的接入因特网服务，该 IP 配置信息如下：

ip：10.2.100.3

Netmask：255.255.255.0

Gateway：10.2.100.254

DNS：10.2.200.1

如何配置一台天融信防火墙 NGFW4000，使得某个网段（192.168.0.1/24）的机器能通过此网口接入因特网？

四、工作规范及要求
要求单人操作完成。

五、考核及时间要求
（1）本考核操作时间为 30 分钟，时间到停止考评，包括报告整理时间。

（2）问题查找和排除过程中，如确实不能查找出问题，可向考评员申请排除问题，该项问题项目不得分，但不影响其他项目。

技能等级评价专业技能考核操作评分标准

工种		网络安全员				评价等级		技师
项目模块		网络安全基础—配置防火墙			编号		Jc0708241003	
单位			准考证号			姓名		
考试时限	30分钟		题型		单项操作		题分	100分
成绩		考评员		考评组长			日期	
试题正文	配置防火墙							
需要说明的问题和要求	由单人完成天融信防火墙策略配置，并符合以下要求							

序号	项目名称	质量要求	满分	扣分标准	扣分原因	得分
1	定义防火墙网口	在此防火墙上定义两个网口，分别命名为Internet口和Trust口	30	未按质量要求设置，扣30分		
2	修改MAC地址，设定下一条路由	为Internet口修改MAC地址为00-FF-E4-4C-27-8A，同时设定下一条路由为10.2.100.254	40	未按质量要求设置，扣40分		
3	添加地址转换规则	在防火墙NAT设置里添加地址转换规则，在其中单击高级选项，在源中选择TRUST，目的中选择INTERNET	30	未按质量要求设置，扣30分		
	合计		100			

Jc0708241004 服务器实现NAT功能。（100分）

考核知识点： 网络安全基础

难易度： 易

技能等级评价专业技能考核操作工作任务书

一、任务名称

服务器实现NAT功能。

二、适用工种

网络安全员技师。

三、具体任务

使用一台双网卡的Linux服务器实现NAT功能。

四、工作规范及要求

要求单人操作完成。

五、考核及时间要求

（1）本考核操作时间为30分钟，时间到停止考评，包括报告整理时间。

（2）问题查找和排除过程中，如确实不能查找出问题，可向考评员申请排除问题，该项问题项目不得分，但不影响其他项目。

技能等级评价专业技能考核操作评分标准

工种	网络安全员			评价等级	技师
项目模块	网络安全基础—服务器实现 NAT 功能		编号		Jc0708241004
单位		准考证号		姓名	
考试时限	30 分钟	题型	单项操作	题分	100 分
成绩		考评员	考评组长	日期	
试题正文	服务器实现 NAT 功能				
需要说明的问题和要求	由单人完成双网卡 Linux 服务器 NAT 服务，并满足下列要求				

序号	项目名称	质量要求	满分	扣分标准	扣分原因	得分
1	设网卡	外网网卡： DEVICE=eth0 IPADDR=(外网 IP)NETMASK=255.255.255.0 GATEWAY=（外网网关） DNS 服务器设置： DEVICE=eth1 IPADDR=（内网 IP） NETMASK：255.255.255.0	40	未按质量要求设置，扣 40 分		
2	打开内核数据包转发功能	echo"1">/proc/sys/net/ipv4/ip_forward	30	未按质量要求设置，扣 30 分		
3	防火墙设置数据包转发伪装	iptables − t nat − A POSTROUTING − s 192.168.0.0/24 − oeth1 − i SNAT − to − source(外网 IP)	30	未按质量要求设置，扣 30 分		
	合计		100			

Jc0708241005　IP 封禁。（100 分）

考核知识点：网络安全基础

难易度：易

技能等级评价专业技能考核操作工作任务书

一、任务名称

IP 封禁。

二、适用工种

网络安全员技师。

三、具体任务

现有一台防火墙、一台 IDS、两台 PC、一台交换机，若干网线，请搭建环境演示在利用一台 PC 对另外一台 PC 发动入侵攻击时，如何通过 IDS 和防火墙的联动来在防火墙上对攻击 PC 的 ip 进行封堵。

四、工作规范及要求

要求单人操作完成。

五、考核及时间要求

（1）本考核操作时间为 30 分钟，时间到停止考评，包括报告整理时间。

（2）问题查找和排除过程中，如确实不能查找出问题，可向考评员申请排除问题，该项问题项目不得分，但不影响其他项目。

技能等级评价专业技能考核操作评分标准

工种	网络安全员				评价等级	技师
项目模块	网络安全基础—IP 封禁			编号	Jc0708241005	
单位			准考证号		姓名	
考试时限	30 分钟	题型		单项操作	题分	100 分
成绩		考评员		考评组长	日期	
试题正文	IP 封禁					
需要说明的问题和要求	由单人完成 IP 封禁工作，并符合下列要求					

序号	项目名称	质量要求	满分	扣分标准	扣分原因	得分
1	网络配置	（1）防火墙上设置 Untmst 口和 Trust 口，攻击机器接入 Untrust 口，被攻击机器和 IDS 通过交换机接入 Trust 口。 （2）在交换机上进行端口镜像，将被攻击机器所接端口流量镜像到 IDS 接入端口上	50	未按质量要求设置，扣 50 分		
2	攻击演示	（1）在攻击机器上对被攻击机进行扫描探测。 （2）观察 IDS 日志，记录攻击 IP 并截屏。 （3）在防火墙上对攻击 IP 进行封堵	50	未按质量要求设置，扣 50 分		
	合计		100			

Jc0708241006 数据库型隔离装置的策略配置。（100 分）

考核知识点： 数据库基础

难易度： 易

技能等级评价专业技能考核操作工作任务书

一、任务名称

数据库型隔离装置的策略配置。

二、适用工种

网络安全员技师。

三、具体任务

根据业务需求，在隔离装置上配置应用访问数据库的策略，并进行连通性测试。数据库隔离装置的业务接入的配置及测试，要求完成从应用端配置、隔离装置的配置及业务测试通过。

四、工作规范及要求

要求单人操作完成。

五、考核及时间要求

（1）本考核操作时间为 30 分钟，时间到停止考评，包括报告整理时间。

（2）问题查找和排除过程中，如确实不能查找出问题，可向考评员申请排除问题，该项问题项目不得分，但不影响其他项目。

技能等级评价专业技能考核操作评分标准

工种		网络安全员			评价等级		技师
项目模块		网络安全基础—数据库型隔离装置的策略配置		编号		Jc0708241006	
单位			准考证号			姓名	
考试时限	30分钟		题型		单项操作	题分	100分
成绩		考评员		考评组长		日期	
试题正文	数据库型隔离装置的策略配置						
需要说明的问题和要求	由单人完成数据库隔离装置的策略配置，且满足下列要求						

序号	项目名称	质量要求	满分	扣分标准	扣分原因	得分
1	客户端登录	在 PC 客户端上登录配置程序至隔离装置	10	未按质量要求设置，扣10分		
2	应用服务器端配置	在 WebLogic 服务器里完成数据库连接信息的配置，同时完成隔离装置驱动程序的配置	40	未按质量要求设置，扣40分		
3	隔离装置策略配置	通过客户端配置指定要求的访问策略	30	未按质量要求设置，扣30分		
4	业务测试	能通隔离装置和应用服务器端两种测试方法，开展业务连通性测试并成功	20	未按质量要求设置，扣20分		
	合计		100			

Jc0708243007 路由器与交换机 IOS 密码恢复与 IOS 升级备份。（100分）

考核知识点：主机基础

难易度：难

技能等级评价专业技能考核操作工作任务书

一、任务名称

路由器与交换机 IOS 密码恢复与 IOS 升级备份。

二、适用工种

网络安全员技师。

三、具体任务

路由器与交换机 IOS 密码恢复，路由器与交换机 IOS 备份，路由器与交换机 IOS 升级。

四、工作规范及要求

要求单人操作完成。

五、考核及时间要求

（1）本考核操作时间为50分钟，时间到停止考评，包括报告整理时间。

（2）问题查找和排除过程中，如确实不能查找出问题，可向考评员申请排除问题，该项问题项目不得分，但不影响其他项目。

技能等级评价专业技能考核操作评分标准

工种	网络安全员		评价等级	技师
项目模块	主机基础—路由器与交换机 IOS 密码恢复与 IOS 升级备份	编号	Jc0708243007	
单位		准考证号	姓名	
考试时限	50 分钟	题型	单项操作	题分	100 分
成绩		考评员	考评组长	日期
试题正文	路由器与交换机 IOS 密码恢复与 IOS 升级备份			
需要说明的问题和要求	由单人完成路由器与交换机 IOS 密码恢复及 IOS 升级备份，且满足下列要求			

序号	项目名称	质量要求	满分	扣分标准	扣分原因	得分
1	路由器与交换机 IOS 密码恢复与 IOS 升级备份					
1.1	路由器与交换机 IOS 密码恢复	路由器与交换机 IOS 密码恢复	40	操作错误扣除 40 分		
1.2	路由器与交换机 IOS 备份	路由器与交换机 IOS 备份	20	操作错误扣除 20 分		
1.3	路由器与交换机 IOS 升级	路由器与交换机 IOS 升级	20	操作错误扣除 20 分		
		要求在规定时间内完成	20	未在规定时间内完成扣 20 分		
	合计		100			

Jc0708243008　BFD 状态与接口状态联动。（100 分）

考核知识点： 网络基础

难易度： 难

技能等级评价专业技能考核操作工作任务书

一、任务名称

BFD 状态与接口状态联动。

二、适用工种

网络安全员技师。

三、具体任务

接口拓扑图如图 Jc0708243008 所示，test–SWA 和 test–SWD 网络层直连，链路中间存在二层传输设备 test–SWB 和 test–SWC。当链路中间二层传输设备出现故障时，用户希望两端设备能够快速感知到链路故障，触发路由快速收敛。

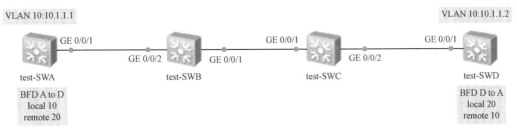

图 Jc0708243008

四、工作规范及要求

要求单人操作完成。

五、考核及时间要求

（1）本模块操作时间为 60 分钟，时间到停止考评，包括报告整理时间。

（2）问题查找和排除过程中，如确实不能查找出问题，可向考评员申请排除问题，该项问题项目不得分，但不影响其他项目。

技能等级评价专业技能考核操作评分标准

工种		网络安全员技师			评价等级	技师	
项目模块		网络基础—BFD 状态与接口状态联动		编号		Jc0708243008	
单位			准考证号			姓名	
考试时限	60 分钟		题型	单项操作		题分	100 分
成绩		考评员		考评组长		日期	
试题正文		（1）在 test-SWA 和 test-SWD 上分别配置 BFD 会话，实现 test-SWA 和 test-SWD 间链路的检测。 （2）BFD 会话状态 up 以后分别在 test-SWA 和 test-SWD 上配置 BFD 状态与接口状态联动					
需要说明的问题和要求		要求单人操作完成					

序号	项目名称	质量要求	满分	扣分标准	扣分原因	得分
1	BFD 状态与接口状态联动	正确完成要求基础配置				
1.1	基本配置	配置 test-SWA 和 test-SWD 的直连接口 IP 地址	10	未按要求配置扣 10 分		
1.2	BFD Session 配置	在 test-SWA 上使能 BFD，配置与 test-SWD 之间的 BFD Session	20	未按要求配置扣 20 分		
1.3	BFD Session 配置	在 test-SWD 上使能 BFD，配置与 test-SWA 之间的 BFD Session	20	未按要求配置扣 20 分		
1.4	配置 BFD 状态与接口状态联动	在 test-SWA 上配置 BFD 状态与接口状态联动	20	未按要求配置扣 20 分		
1.5	配置 BFD 状态与接口状态联动	在 test-SWD 上配置 BFD 状态与接口状态联动	20	未按要求配置扣 20 分		
1.6	验证配置结果	在正常与模拟端口 shutdown 情况下，查看 BFD 状态	10	未按要求测试扣 10 分		
	合计		100			

第五部分
高级技师

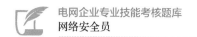

第九章　网络安全员高级技师技能笔答

单　选　题

Jb0708171001　文件型病毒传染的对象主要是（　　　）类文件。（3分）

A. EXE 和 WPS　　　　　B. COM 和 EXE　　　　　C. WPS　　　　　D. DBF

考核知识点：病毒基础知识

难易度：易

标准答案：A

Jb0708171002　在 smb.conf 文件中，我们可以通过设置（　　　）来控制可以访问 samba 共享服务的合法主机。（3分）

A. allowed　　　　　B. hostsvalid　　　　　C. hostsallow　　　　　D. public

考核知识点：信息安全基础

难易度：易

标准答案：A

Jb0708171003　（　　　）是进行等级确定和等级保护管理的最终对象。（3分）

A. 业务系统　　　　　B. 功能模块　　　　　C. 信息系统　　　　　D. 网络系统

考核知识点：规章制度

难易度：易

标准答案：C

Jb0708171004　要能够进行远程注册表攻击必须（　　　）。（3分）

A. 开启目标机的 Service 的服务　　　　　B. 开启目标机的 Remote Registy Service 服务

C. 开启目标机的 Server 服务　　　　　D. 开启目标机的 Remote Routig 服务

考核知识点：信息安全基础

难易度：易

标准答案：B

Jb0708171005　设利用 IEEE 802.3 协议局域网传送 ASCII 码信息 "Goodmorning!"（每个字符占一个字节）若装成 MAC 帧格式，此帧长度至少（　　　）字节。（3分）

A. 14　　　　　B. 32　　　　　C. 64　　　　　D. 80

考核知识点：密码学基础

难易度：易

标准答案：C

Jb0708171006　WiMAX 所能提供的最高接入速度是（　　　）。（3分）

A. 20M　　　　　　　　B. 30M　　　　　　　　C. 50M　　　　　　　　D. 70M

考核知识点： 网络基础

难易度： 易

标准答案： D

Jb0708171007　实现从 IP 地址到以太网 MAC 地址转换的命令为（　　　）。（3 分）

A. ping　　　　　　　B. ifconfig　　　　　　C. arp　　　　　　　D. traceroute

考核知识点： 网络基础

难易度： 易

标准答案： C

Jb0708171008　下列关于蠕虫病毒的描述错误的是（　　　）。（3 分）

A. 蠕虫的传播无需用户操作

B. 蠕虫的传播需要通过"宿主"程序或文件

C. 蠕虫会消耗内存或网络带宽，导致 DoS 攻击

D. 蠕虫程序一般由"传播模块""隐藏模块"和"目的功能模块"构成

考核知识点： 病毒基础知识

难易度： 易

标准答案： B

Jb0708171009　加密技术不能提供以下哪种安全服务？（　　　）。（3 分）

A. 鉴别　　　　　　　B. 机密性　　　　　　C. 完整性　　　　　　D. 可用性

考核知识点： 病毒基础知识

难易度： 易

标准答案： D

Jb0708171010　在以下古典密码体制中，属于置换密码的是（　　　）。（3 分）

A. 移位密码　　　　　B. 倒序密码　　　　　C. 仿射密码　　　　　D. PlayFair 密码

考核知识点： 密码学基础

难易度： 易

标准答案： B

Jb0708171011　启动 samba 服务器进程，可以有两种方式：独立启动方式和父进程启动方式，其中前者是在（　　　）文件中以独立进程方式启动。（3 分）

A. /usr/sbin/smbd　　　B. /usr/sbin/nmbd　　　C. rc.samba　　　D. /etc/inetd.conf

考核知识点： 主机系统

难易度： 易

标准答案： C

Jb0708171012　杀毒软件报告发现病毒 Macro.Melissa，由该病毒名称可以推断出病毒类型是（　　　）。（3 分）

A. 文件型　　　　　　B. 引导型　　　　　　C. 目录型　　　　　　D. 宏病毒

考核知识点：病毒基础知识

难易度：易

标准答案：D

Jb0708171013　黑客采取的第一步都是侦查网络，此时安全扫描以各种各样的方式进行，以下不属于此类工具的是（　　　）。（3分）

A. Ipconfig　　　　　　　B. Ping　　　　　　C. Telnet　　　　　　D. SNMP

考核知识点：信息安全基础

难易度：易

标准答案：A

Jb0708171014　对某些敏感信息通过脱敏规则进行数据的变形，实现敏感隐私数据的可靠保护的设备是指（　　　）。（3分）

A. 数据库加密系统　　　　　　　　　　B. 数据库脱敏系统

C. 数据库安全审计系统　　　　　　　　D. 数据库漏扫系统

考核知识点：数据库基础

难易度：易

标准答案：C

Jb0708171015　在 DNS 系统测试时，设 named 进程号是 53，使用命令（　　　）通知进程重读配置文件。（3分）

A. kill – USR2 53　　　B. kill – USR 53　　　C. kill – INT 63　　　D. kill – HUP 53

考核知识点：信息安全基础

难易度：易

标准答案：D

Jb0708171016　一般为代理服务器的堡垒主机上装有（　　　）。（3分）

A. 一块网卡且有一个 IP 地址　　　　　　B. 两个网卡且有两个不同的 IP 地址

C. 两个网卡且有相同的 IP 地址　　　　　D. 多个网卡且动态获得 IP 地址

考核知识点：主机系统

难易度：易

标准答案：A

Jb0708171017　下列不是 MySQL 注入方法的是（　　　）。（3分）

A. 注释符绕过　　　B. 时间盲注　　　C. 报 B 注入　　　D. udf 注入

考核知识点：信息安全基础

难易度：易

标准答案：B

Jb0708172018　sniffer 是一款（　　　）产品。（3分）

A. 入侵检测系统（IDS）　　　　　　　B. 入侵防护系统（IPS）

C. 软件版的防火墙　　　　　　　　　　D. 网络协议分析

考核知识点：信息安全基础

难易度：中

标准答案：D

Jb0708172019 屏蔽路由器型防火墙采用的技术基于（　　　　）。（3分）

A. 数据包过滤技术　　　　　　　　　B. 应用网关技术

C. 代理服务技术　　　　　　　　　　D. 三种技术的结合

考核知识点：网络基础

难易度：中

标准答案：B

Jb0708172020 MySQL 禁止 root 用户远程连接的命令是（　　　　）。（3分）

A. update user set host="localhost" where user="root" and host="@";

B. update user set host="localhost" where user="root" and host="%";

C. update user set host="localhost" where user="root" and host="*";

D. update user set host="localhost" where user="root" and host=".";

考核知识点：信息安全基础

难易度：中

标准答案：B

Jb0708172021 不属于缓冲区溢出攻击防护方法的是（　　　　）。（3分）

A. 使用高级编程语言　　　　　　　　B. 改进 C 语言函数库

C. 数组边界检查　　　　　　　　　　D. 程序指针完整性检查

考核知识点：信息安全基础

难易度：中

标准答案：A

Jb0708172022 在现代密码学发展史上，第一个广泛应用于商用数据保密的密码算法是（　　　　）。（3分）

A. AES　　　　　　　B. DES　　　　　　　C. RSA　　　　　　　D. RC4

考核知识点：密码学基础

难易度：中

标准答案：B

Jb0708172023 目前发展很快、基于 PKI 的安全电子邮件协议是（　　　　）。（3分）

A. S/MIME　　　　　　B. POP　　　　　　C. SMTP　　　　　　D. IMAP

考核知识点：网络基础

难易度：中

标准答案：A

Jb0708172024 在路由表里，"S"指的是（　　　　）。（3分）

A. 动态路由　　　　　　　　　　　　B. 直连路由

C. 静态路由　　　　　　　　　　　　D. 发送包

考核知识点：网络基础

难易度：中

标准答案：C

Jb0708172025 以下哪些工具可用于破解 Windows 密码？（　　　）。（3 分）

A. 灰鸽子
B. Lpcheck
C. 冰刃
D. Lopht Crack 5

考核知识点：信息安全基础

难易度：中

标准答案：D

Jb0708172026 软件供应商或是制造商可以在他们自己的产品中或是客户的计算机系统上安装一个"后门"程序。以下哪一项是这种情况面临的最主要风险？（　　　）。（3 分）

A. 软件中止和黑客入侵
B. 远程监控和远程维护
C. 软件中止和远程监控
D. 远程维护和黑客入侵

考核知识点：信息安全基础

难易度：中

标准答案：A

Jb0708172027 在密码学中，需要被交换的原消息被称为（　　　）。（3 分）

A. 密文
B. 算法
C. 密码
D. 明文

考核知识点：密码学基础

难易度：中

标准答案：D

Jb0708172028 通过以下哪种方法可最为有效地避免在中括号参数处产生 SQL 注入？（　　　）（3 分）

A. 过滤输入中的单引号
B. 过滤输入中的分号、破折号及井号，过滤输入中的空格、TAB（\t）
C. 如输入参数非正整数则认为非法，不再进行 SQL 查询
D. 过滤关键字 and、or

考核知识点：信息安全基础

难易度：中

标准答案：D

Jb0708172029 在 RSTP 协议中，非根交换机的上行端口有端口标识的参数，此端口标识包含两部分，分别是（　　　）。（3 分）

A. 一字节长度的端口优先级和一字节长度的端口号
B. 一字节长度的端口优先级和两字节长度的端口号
C. 两字节长度的端口优先级和一字节长度的端口号
D. 两字节长度的端口优先级和两字节长度的端口号

考核知识点：网络基础

难易度：中

标准答案：A

Jb0708172030　下面关于分发树的描述，正确的是（　　　）。（3分）

A. 以组播源为根，组播组成员为叶子的组播分发树称为 RPT

B. 以 RP 为根，组播组成员为叶子的组播分发树称为 SPT

C. SPT 同时适用于 PIM‒DM 和 PIM‒SM

D. RPT 同时适用于 PIM‒DM 和 PIM‒SM

考核知识点：数据库基础

难易度：中

标准答案：C

Jb0708172031　下面关于各种报文的 LSA 描述错误的是（　　　）。（3分）

A. DD 类型的 LSA 只是包含 LSA 的摘要信息，即包含 LS Type、LS ID、dvertising Router 和 LS Sequence Number

B. LS REQUEST 报文只有 LS TYPE、LS ID 和 ADVERTISING ROUTER

C. LS UPDATE 报文包含了完整的 LSA 信息

D. LS ACK 报文包含了完整的 LSA 信息

考核知识点：网络基础

难易度：中

标准答案：D

Jb0708172032　MUX VLAN 提供了一种通过 VLAN 进行网络资源控制的机制，以下概念中不属于 MUX VLAN 的是（　　　）。（3分）

A. 主 VLAN　　　　　　B. 从 VLAN　　　　　　C. Guest VLAN　　　　　　D. 互通型 VLAN

考核知识点：网络基础

难易度：中

标准答案：C

Jb0708172033　BGP 建立邻居过程中，当 TCP 不能建立成功时，该邻居通常处于（　　　）状态。（3分）

A. IDLE　　　　　　B. Active　　　　　　C. Open Sent　　　　　　D. Establish

考核知识点：网络基础

难易度：中

标准答案：B

Jb0708172034　下面关于 Local‒Preference 的描述，正确的是（　　　）。（3分）

A. Local‒Preference 是公认必遵属性　　　　　　B. Local‒Preference 影响进入 AS 内的流量

C. Local‒Preference 可以跨 AS 传播　　　　　　D. Local‒Preference 默认值是 100

考核知识点：网络基础

难易度：中

标准答案：D

Jb0708172035 策略路由（policy-based-route）不支持根据下列哪种策略来指定数据包转发的路径？（ ）（3分）

    A. 源地址   B. 目的地址   C. 源 MAC   D. 报文长度

    考核知识点：网络基础

    难易度：中

    标准答案：C

Jb0708172036 以下哪个命令是在接口下使能 IS-IS 协议的命令？（ ）（3分）

    A. ip router isis 100   B. router isis 100

    C. isis enable 100   D. route isis enable 100

    考核知识点：网络基础

    难易度：中

    标准答案：C

Jb0708172037 下面关于多播协议描述错误的是（ ）。（3分）

    A. IGMP 在接收者主机和组播路由器之间运行，该协议定义了主机与路由器之间建立和维护组播成员关系的机制

    B. DVRMP 是距离矢量组播路由协议是一种密集模式协议，该协议有跳数限制，最大跳数 32 跳

    C. PIM 是典型的域内组播路由协议，分为 DM 和 SM 两种模型

    D. MSDP 能够跨越 AS 传播组播路由

    考核知识点：网络基础

    难易度：中

    标准答案：D

Jb0708172038 在没有启用 BGP 路径负载分担的情况下，哪种 BGP 路由会发送 BGP 邻居？（ ）（3分）

    A. 从所有邻居学到的所有 BGP 路由   B. 只有从 IBGP 学到的路由

    C. 只有从 EBGP 学到的路由   D. 只有被 BGP 优选的最佳路由

    考核知识点：网络基础

    难易度：中

    标准答案：D

Jb0708172039 假设使用一种密码学，它的加密方法很简单：将每一个字母加 8，即 a 加密成 f。这种算法的密钥就是 8，那么它属于（ ）。（3分）

    A. 单向函数密码技术   B. 分组密码技术

    C. 公钥加密技术   D. 对称加密技术

    考核知识点：密码学基础

    难易度：中

    标准答案：D

Jb0708172040 下列能够保证数据机密性的是（ ）。（3分）

    A. 数字签名   B. 消息认证   C. 单项函数   D. 加密算法

考核知识点：规章制度

难易度：中

标准答案：D

Jb0708172041 Linux 系统锁定系统用户的命令是（   ）。（3分）

A. usermod – l＜username＞   B. userlock＜username＞

C. userlock – u＜username＞   D. usermod – L＜username＞

考核知识点：操作系统基础

难易度：中

标准答案：D

Jb0708172042 Linux 中/proc 文件系统可以被用于收集信息。下列哪个是 CPU 信息的文件？

（   ）（3分）

A. /proc/cpuinfo   B. /proc/meminfo

C. /proc/version   D. /proc/filesystems

考核知识点：操作系统基础

难易度：中

标准答案：A

Jb0708172043 Windows NT 和 Windows 2000 系统能设置为在几次无效登录后锁定账号，这

可以防止（   ）。（3分）

A. 木马   B. 暴力攻击   C. IP 欺骗   D. 缓存溢出攻击

考核知识点：主机系统

难易度：中

标准答案：B

Jb0708172044 为了安全，通常把 VPN 放在（   ）后面。（3分）

A. 交换机   B. 路由器   C. 网关   D. 防火墙

考核知识点：网络基础

难易度：中

标准答案：D

Jb0708172045 在网页上点击一个链接是使用哪种方式提交的请求？（   ）（3分）

A. GET   B. POST   C. HEAD   D. TRACE

考核知识点：信息安全基础

难易度：中

标准答案：A

Jb0708172046 （   ）是用于反弹 shell 的工具。（3分）

A. Nmap   B. sqlmap   C. nc   D. lCX

考核知识点：信息安全基础

难易度：中

标准答案：C

Jb0708172047 黑客攻击服务器以后,习惯建立隐藏用户,下列哪一个用户在 DoS 命令 net user 下是不会显示的？（　　）（3分）

A. fg_　　　　　　　B. fg$　　　　　　　C. fg#　　　　　　　D. fg%

考核知识点：信息安全基础

难易度：中

标准答案：B

Jb0708172048 radmin 是一款远程控制类软件，以下说法错误的是（　　）。（3分）

A. radmin 默认是 4899 端口　　　　　　B. radmin 默认是 4889 端口

C. radmin 可以查看对方的屏幕　　　　　D. radmin 可以设置连接口令

考核知识点：信息安全基础

难易度：中

标准答案：B

Jb0708172049 不属于第三方软件提权的是（　　）。（3分）

A. radmin 提权　　　　B. serv－u 提权　　　C. xp_cmdshell 提权　　D. VNC 提权

考核知识点：信息安全基础

难易度：中

标准答案：C

Jb0708172050 无线网络中常见的攻击方式不包括（　　）。（3分）

A. 中间人攻击　　　　B. 漏洞扫描攻击　　　C. 会话劫持攻击　　　D. 拒绝服务攻击

考核知识点：信息安全基础

难易度：中

标准答案：B

Jb0708172051 sqlmap 发现注入漏洞，是个小型数据库，数据下载的参数是（　　）。（3分）

A. "－－dbs"　　　　B. "－－dump"　　　C. "－T"　　　　　D. "－D"

考核知识点：信息安全基础

难易度：中

标准答案：B

Jb0708172052 常用的混合加密方案指的是（　　）。（3分）

A. 使用对称加密进行通信数据加密，使用公钥加密进行会话密钥协商

B. 使用公钥加密进行通信数据加密，使用对称加密进行会话密钥协商

C. 少量数据使用公钥加密，大量数据则使用对称加密

D. 大量数据使用公钥加密，少量数据则使用对称加密

考核知识点：密码学基础

难易度：中

标准答案：A

Jb0708172053　防止缓冲区溢出攻击，无效的措施是（　　）。（3分）

A. 软件进行数字签名　　　　　　　　　　B. 软件自动升级

C. 漏洞扫描　　　　　　　　　　　　　　D. 开发源代码审查

考核知识点： 信息安全基础

难易度： 中

标准答案： A

Jb0708172054　漏洞形成是由于（　　）。（3分）

A. 程序的逻辑设计不合理或者错误而造成

B. 程序员在编写程序时出现技术上的疏忽而造成

C. TCP/IP 的最初设计者在设计通信协议时只考虑到了协议的实用性，而没有考虑到协议的安全性

D. 以上都是

考核知识点： 信息安全基础

难易度： 中

标准答案： D

Jb0708172055　以下可以用于本地破解 Windows 密码的工具是（　　）。（3分）

A. John the Ripper　　　B. Pwdump　　　　C. Tscrack　　　　D. Hydra

考核知识点： 信息安全基础

难易度： 中

标准答案： B

Jb0708173056　PDR 模型是第一个从时间关系描述一个信息系统是否安全的模型，PDR 模型中的 P，D，R 代表（　　）。（3分）

A. 保护，检测，响应　　　　　　　　　　B. 策略，检测，响应

C. 策略，检测，恢复　　　　　　　　　　D. 保护，检测，恢复

考核知识点： 规章制度

难易度： 难

标准答案： A

Jb0708173057　对明文字母重新排列，并不隐藏他们的加密方法属于（　　）。（3分）

A. 置换密码　　　　　　B. 分组密码　　　　C. 易位密码　　　　D. 序列密码

考核知识点： 密码学基础

难易度： 难

标准答案： C

Jb0708173058　用来追踪 DDoS 流量的命令是（　　）。（3分）

A. ip cef　　　　　　　　B. ip finger　　　　C. ip source – track　　　　D. ip source – route

考核知识点： 信息安全基础

难易度： 难

标准答案： C

Jb0708173059 （　　　）是一个对称 DES 加密系统，它使用一个集中式的专钥密码功能，系统的核心是 KDC。（3分）

A. TACACS　　　　　B. RADIUS　　　　　C. Kerberos　　　　　D. PKI

考核知识点：密码学基础

难易度：难

标准答案：C

Jb0708173060 IEEE 802.15.4 协议用于哪个层？（　　　）。（3分）

A. 网络层　　　　　B. 物理层　　　　　C. 数据链路层　　　　　D. 应用层

考核知识点：网络基础

难易度：难

标准答案：B

Jb0708173061 管理员在查看服务器账号时，发现服务器 guest 账号被启用，查看任务管理器和服务管理时，并未发现可疑进程和服务，使用下列哪一个工具可以查看隐藏的进程和服务？（　　　）（3分）

A. BurpSuite　　　　　B. Nmap　　　　　C. Xue Tr　　　　　D. X－scan

考核知识点：主机系统

难易度：难

标准答案：C

Jb0708173062 修改 WebLogic 密码需要修改的文件是（　　　）。（3分）

A. boot.propertie　　　B. boot.properties　　　C. boot.property　　　D. boot.proper

考核知识点：中间件基础

难易度：难

标准答案：B

Jb0708173063 某网站使用 Javascript 语句语法检测上传文件的合法性问题，可通过（　　　）方法绕过。（3分）

A. 在本地浏览器客户端禁用 JS　　　　　B. 大小写交替

C. 添加空格　　　　　D. 使用字符编码

考核知识点：Web 基础

难易度：难

标准答案：A

Jb0708173064 在 IPSec 中，IKE 提供一种方法供两台计算机建立（　　　）。（3分）

A. 解释域　　　　　B. 安全关联　　　　　C. 安全关系　　　　　D. 选择关系

考核知识点：信息安全基础

难易度：难

标准答案：B

Jb0708173065 安全管理制度主要包括：管理制度、制定和发布、（　　　）三个控制点。（3分）

A. 评审和修订　　　　B. 修改　　　　　　C. 审核　　　　　　D. 阅读

考核知识点： 规章制度

难易度： 难

标准答案： A

Jb0708173066　在配置命令 frmap ip 10.1.1.1 DlCi 7 broadcast 中，数字 7 的含义是（　　　　）。（3 分）

A. 本端逻辑通道编号　　　　　　　　B. 本端 DLCI 编号

C. 对端接口编号　　　　　　　　　　D. 对端节点编号

考核知识点： 网络基础

难易度： 难

标准答案： B

Jb0708173067　安全内核是指系统中与安全性实现有关的部分，不包括（　　　）。（3 分）

A. 系统接口　　　B. 引用验证机制　　　C. 访问控制机制　　　D. 授权和管理机制

考核知识点： 信息安全基础

难易度： 难

标准答案： A

Jb0708173068　下列关于网络监听描述准确的是（　　　）。（3 分）

A. 远程观察一个用户的电脑　　　　　B. 监视网络的状态、数据流动情况

C. 监视 PC 系统运行情况　　　　　　D. 监视一个网站的发展方向

考核知识点： 信息安全基础

难易度： 难

标准答案： B

Jb0708173069　MD5 算法以（　　　）位分组来处理输入文本。（3 分）

A. 64　　　　　　　B. 128　　　　　　C. 256　　　　　　D. 512

考核知识点： 密码学基础

难易度： 难

标准答案： D

Jb0708171070　Tomcat 的默认管理端口是（　　　）。（3 分）

A. 8002　　　　　　B. 8003　　　　　　C. 8004　　　　　　D. 8005

考核知识点： 中间件基础

难易度： 易

标准答案： D

Jb0708173071　dump 把文件压缩成 .bz2 格式的参数是（　　　）。（3 分）

A. $-j$　　　　　　B. $-$u$　　　　　　C. $-v$　　　　　　D. $-w$

考核知识点： 主机系统

难易度： 难

标准答案：A

Jb0708173072 下列系统数据库中，（ ）数据库不允许进行备份操作。（3分）

A. master B. msdb C. model D. Tempdb

考核知识点：数据库基础

难易度：难

标准答案：D

Jb0708173073 公钥加密体制中，没有公开的是（ ）。（3分）

A. 明文 B. 密文 C. 公钥 D. 算法

考核知识点：密码学基础

难易度：难

标准答案：A

Jb0708173074 以下哪些软件是用于加密的软件？（ ）（3分）

A. PGP B. SH C. EFS D. DES

考核知识点：密码学基础

难易度：难

标准答案：A

Jb0708173075 通过控制台或远程终端进行作业时，应输入（ ），禁止使用互信登录、保存密码等方式免密登录。（3分）

A. 操作指令 B. 账号和密码 C. 特征码 D. 隔离

考核知识点：信息安全基础

难易度：难

标准答案：B

Jb0708173076 针对将 script、alert 等关键字替换为空的跨站过滤方法，关于绕过该过滤方法的攻击方式描述错误的是（ ）。（3分）

A. 大小写变换绕过 B. 复写绕过

C. 适用于用户输入内容在 html 标签属性中 D. 适用于用户输入内容直接输出到网页上

考核知识点：数据库基础

难易度：难

标准答案：C

Jb0708173077 在以下认证方式中，最常用的认证方式是（ ）。（3分）

A. 基于账户名/口令认证 B. 基于摘要算法认证

C. 基于 PKI 认证 D. 基于数据库认证

考核知识点：信息安全基础。

难易度：难

标准答案：A

Jb0708173078　下面哪个进程属于 Oracle 后台写进程？（　　　）。（3分）

A. PMON　　　　　　B. SMON　　　　　　C. DBWR　　　　　　D. LGWR

考核知识点： 数据库基础

难易度： 难

标准答案： C

Jb0708173079　OSPFv3 的 Router ID 长度为多少 bit？（　　　）（3分）

A. 128　　　　　　B. 96　　　　　　C. 32　　　　　　D. 64

考核知识点： 网络基础

难易度： 难

标准答案： C

Jb0708181080　IS–IS 协议所支持的网络类型除 P2P 以外还有哪种类型？（　　　）。（5分）

A. P2MP　　　　　　B. NBMA　　　　　　C. SNAP　　　　　　D. LAN（广播网络）

考核知识点： 网络基础

难易度： 易

标准答案： D

多　选　题

Jb0708181081　计算机病毒的主要来源于（　　　）。（5分）

A. 黑客组织编写　　　B. 计算机自动产生　　　C. 恶意编制　　　D. 恶作剧

考核知识点： 病毒基础知识

难易度： 易

标准答案： ACD

Jb0708181082　（　　　）是 SQL 的 DML 语句。（5分）

A. select　　　　　　B. insert　　　　　　C. alter　　　　　　D. delete

考核知识点： 信息安全基础

难易度： 易

标准答案： BD

Jb0708181083　关于 OSPF AS–External–LSA 说法正确的是（　　　）。（5分）

A. Link State ID 被设置为目的网段地址

B. Advertising Router 被设置为 ASBR 的 Router ID

C. Net msak 被设置全 0

D. 使用 Link State ID 和 Advertising Router 可以唯一标识一条 AS–ExternalL–LSA

考核知识点： 网络基础

难易度： 易

标准答案： AB

Jb0708181084　IS–IS 协议支持哪几种度量值类型？（　　　）（5分）

A. narrow　　　　　　B. tos　　　　　　C. wide　　　　　　D. default

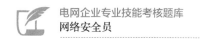
考核知识点： 网络基础

难易度： 易

标准答案： AC

Jb0708181085 做系统快照，查看端口信息的方式有（　　　）。（5分）

A. netstat – an

B. net share

C. net use

D. 用 taskinfo 来查看连接情况

考核知识点： 操作系统基础

难易度： 易

标准答案： AD

Jb0708181086 网络面临的典型威胁包括（　　　）。（5分）

A. 未经授权的访问

B. 信息在传送过程中被截获、篡改

C. 黑客攻击

D. 滥用和误用

考核知识点： 信息安全基础

难易度： 易

标准答案： ABCD

Jb0708181087 以下哪些工具是用于 Web 漏洞扫描的？（　　　）（5分）

A. binwalk
B. Awvs
C. Appscan
D. Netcat

考核知识点： 信息安全基础

难易度： 易

标准答案： BC

Jb0708181088 不能在浏览器的地址栏中看到提交数据的表单提交方式是（　　　）。（5分）

A. submit
B. get
C. post
D. out

考核知识点： 信息安全基础

难易度： 易

标准答案： ACD

Jb0708182089 以太网交换机端口的工作模式可以被设置为（　　　）。（5分）

A. 全双工
B. Trunk 模式
C. 半双工
D. 自动协商方式

考核知识点： 网络基础

难易度： 中

标准答案： ACD

Jb0708182090 下列程序设计语言中，属于低级语言的是（　　　）。（5分）

A. C 语言
B. 汇编语言
C. 机器语言
D. Fortrdn

考核知识点： 操作系统基础

难易度： 中

标准答案： BC

Jb0708182091 抵御电子邮箱入侵措施中，合理的有（   ）。（5分）

A. 不用生日做密码
B. 不要使用少于 5 位的密码
C. 不要使用纯数字
D. 自己做服务器

考核知识点： 信息安全基础

难易度： 中

标准答案： ABC

Jb0708182092 以下哪些选项可以实现 VPC 与 VPC 之间建立连接？（   ）（5分）

A. 云专线　　　　　　B. VPN　　　　　　C. 云连接　　　　　　D. 对等连接

考核知识点： 网络基础

难易度： 中

标准答案： BCD

Jb0708182093 Nginx 服务器的特性是（   ）。（5分）

A. 反向代理/L7 负载均衡器
B. 嵌入式 Perl 解释器
C. 动态二进制升级
D. 可用于重新编写 URL，具有非常好的 PCRE 支持

考核知识点： 主机基础

难易度： 中

标准答案： ABCD

Jb0708182094 关于黑客注入攻击说法正确的有（   ）。（5分）

A. 它的主要原因是程序对用户的输入缺乏过滤
B. 一般情况下防火墙对它无法防范
C. 对它进行防范时要关注操作系统的版本和安全补丁
D. 注入成功后可以获取部分权限

考核知识点： 信息安全基础

难易度： 中

标准答案： ABC

Jb0708182095 以下关于 BGP 环路防护的描述，正确的是（   ）。（5分）

A. 对于 EBGP，通过 AS－PATH 属性，丢弃从 EBGP 对等体接收到的在 AS－PATH 属性里面包含自身 AS 号的任何更新信息
B. 对于 IBGP，BGP 路由器不会宣告任何从 IBGP 对等体来的更新信息给其 IBGP 对等体
C. 对于 IBGP，通过 AS－PATH 属性，丢弃从 EBGP 对等体接收到的在 AS－PATH 属性里面包含自身 AS 号的任何更新信息
D. 对于 EBGP，BGP 路由器不会宣告任何从 EBGP 对等体来的更新信息给其 EBGP 对等体

考核知识点： 网络基础

难易度： 中

标准答案： AB

Jb0708182096 关于组播的说法，以下哪些是错误的？（   ）（5分）

A. 单播技术和广播技术不能解决单点发送多点接收的问题，只有组播技术可以解决

B. 组播技术应用于大多数的"单到多"数据发布应用

C. 由于组播技术是基于 TCP 的，所以组播技术能够保证报文的可靠传输

D. 组播技术可以减少冗余流量、节约网络带宽

考核知识点： 网络基础

难易度： 中

标准答案： AC

Jb0708182097 以下关于组播路由描述正确的是（   ）。（5分）

A. 组播路由协议用于建立和维护组播路由，并正确、高效地转发组播数据包

B. 组播路由形成了一个从数据源到多个接收端的单向无环数据传输路径，即组播分发树

C. 组播路由协议分为域内组播路由和域间组播路由协议

D. 组播路由协议包括 IGMP 协议

考核知识点： 网络基础

难易度： 中

标准答案： ABC

Jb0708182098 以下叙述中属于 Web 站点与浏览器的安全通信的是（   ）。（5分）

A. Web 站点验证客户身份   B. 浏览器验证 Web 站点的真实性

C. Web 站点与浏览器之间信息的加密传输   D. 操作系统的用户管理

考核知识点： Web 基础

难易度： 中

标准答案： ABC

Jb0708182099 以下哪种上传文件的格式是利用 Nginx 解析漏洞？（   ）（5分）

A. /test.asp；1.jpg   B. /test.jpg/1.php

C. /test.asp/test.jpg   D. /test.jpg%00.php

考核知识点： 信息安全基础

难易度： 中

标准答案： BD

Jb0708182100 以下无法防止重放攻击的是（   ）。（5分）

A. 对用户的账户和密码进行加密   B. 使用一次一密的加密方式

C. 使用复杂的账户名和口令   D. 经常修改用户口令

考核知识点： 信息安全基础

难易度： 中

标准答案： CD

Jb0708182101 网闸可能应用在（   ）。（5分）

A. 内网处理单元   B. 外网处理单元

C. 专用隔离硬件交换单元   D. 入侵检测单元

考核知识点：网络基础

难易度：中

标准答案：ABC

Jb0708182102　OSPF 支持以下哪些下发缺省路由方式？（　　　）（5分）

A. 可以在 ABR 上下发　　　　　　　　　B. 可以在 ASBR 上下发

C. 只能强制下发　　　　　　　　　　　D. 可以非强制下发

考核知识点：网络基础

难易度：中

标准答案：ABD

Jb0708182103　如果 PIM－SM 网络中不存在接收者时，则存在组播路由表项的路由器是
（　　　）。（5分）

A. 源 DR 路由器　　　　　　　　　　　B. 接收者路由器

C. 最后一跳路由器　　　　　　　　　　D. RP 路由器

考核知识点：网络基础

难易度：中

标准答案：AD

Jb0708182104　可能和计算机病毒有关的现象有（　　　）。（5分）

A. 可执行文件大小改变了　　　　　　　B. 系统频繁死机

C. 内存中有来历不明的进程　　　　　　D. 计算机主板损坏

考核知识点：病毒基础知识

难易度：中

标准答案：ABC

Jb0708182105　常见的后门包括（　　　）。（5分）

A. Rhosts++后门　　　　B. Login 后门　　　　C. 服务进程后门　　　　D. UIDshell

考核知识点：信息安全基础

难易度：中

标准答案：ABC

Jb0708182106　下列关于 PAP 协议描述正确的是（　　　）。（5分）

A. 使用两步握手方式完成验证　　　　　B. 使用三步握手方式完成验证

C. 使用明文密码进行验证　　　　　　　D. 使用加密密码进行验证

考核知识点：网络基础

难易度：中

标准答案：AC

Jb0708182107　（　　　）是不安全的直接对象引用而造成的危害。（5分）

A. 用户无需授权访问其他用户的资料　　B. 用户无需授权访问支持系统文件资料

C. 修改数据库信息　　　　　　　　　　D. 用户无需授权访问权限外信息

考核知识点：信息安全基础

难易度：中

标准答案：ABD

Jb0708183108　以下选项中，应用服务器无法通过信息安全网络隔离装置（NDS100）访问数据库的原因可能是（　　　）。（5分）

A. 应用服务器与数据库服务器的网络不通或路由不可达

B. 数据库信息中的 IP 地址及端口配置错误

C. 数据库使用了 Oracle 10G 版本

D. 应用服务器使用了 JDBC 的连接方式

考核知识点：主机系统

难易度：难

标准答案：AB

Jb0708182109　关于 WAF，说法正确的是（　　　）。（5分）

A. WAF 可防止 SQL 注入攻击　　　　　　B. WAF 可防止 XSS 攻击

C. WAF 不可防止非法连接攻击　　　　　D. WAF 能防止针对服务器缺陷的攻击

考核知识点：信息安全基础

难易度：中

标准答案：AB

Jb0708183110　弹性公网 IP 有（　　　）优势。（5分）

A. EIP 支持与 ECS、BMS、NAT 网关、ELB、虚拟 IP 灵活地绑定与解绑，带宽支持灵活调整，应对各种业务变化

B. EIP 可以加入共享带宽，降低带宽使用成本

C. 即开即用，绑定解绑、带宽调整实时生效

D. 多种计费策略，支持按需、按带宽、按流量计费

考核知识点：网络基础

难易度：难

标准答案：ABCD

Jb0708183111　（　　　）属于 HCS8.0 私有云平台网卡虚拟化技术。（5分）

A. TAP　　　　　　　B. TUN　　　　　　C. VETP　　　　　　D. ETH

考核知识点：云平台基础

难易度：难

标准答案：ABC

Jb0708183112　防火墙不能防止（　　　）攻击。（5分）

A. 内部网络用户的攻击　　　　　　　　B. 传送已感染病毒的软件和文件

C. 外部网络用户的 IP 地址欺骗　　　　D. 数据驱动型的攻击

考核知识点：信息安全基础

难易度：难

标准答案：ABD

Jb0708183113 以下哪项可以避免 IIS – put 上传攻击？（　　　　）（5分）

A. 设置 Web 目录的 NTFS 权限为：禁止 INTERNET 来宾账户写权限

B. 禁用 WebDAV 扩展

C. 修改网站的默认端口

D. 设置 IIS 控制台网站属性：主目录权限禁止写入权限

考核知识点：中间件基础

难易度：难

标准答案：ABD

Jb0708183114 关于 SSRF 漏洞，以下说法正确的是（　　　　）。（5分）

A. SSRF 使用受害者已登录的凭据自动提交请求

B. SSRF 借助服务器探测内网

C. SSRF 无法预防

D. 如果服务器在检测和访问时分别查询 DNS，SSRF 的防御措施很可能被绕过

考核知识点：信息安全基础

难易度：难

标准答案：BD

Jb0708183115 下列属于公钥的分配方法有（　　　　）。（5分）

A. 公用目录表　　　　　B. 公钥管理机构　　　　　C. 公钥证书　　　　　D. 秘密传输

考核知识点：密码学基础

难易度：难

标准答案：ABC

Jb0708183116 在 HTTP 协议的"请求/响应"交互模型中，以下说法中正确的是（　　　　）。（5分）

A. 客户机在发送请求之前需要主动与服务器建立连接

B. 服务器无法主动向客户机发起连接

C. 服务器无法主动向客户机发送数据

D. 请求、响应之间严格一一对应

考核知识点：信息安全基础

难易度：难

标准答案：ABC

Jb0708183117 SNMP 协议有哪些版本？（　　　　）。（5分）

A. SNMPv1　　　　　B. SNMPv2b　　　　　C. SNMPv2c　　　　　D. SNMPv3

考核知识点：网络基础

难易度：难

标准答案：ACD

Jb0708183118 属于黑客被动攻击的行为有（　　　）。（5分）

A. 缓冲区溢出 　　　　　　　　　　　B. 运行恶意软件

C. 浏览恶意代码网页 　　　　　　　　D. 打开病毒附件

考核知识点：信息安全基础

难易度：难

标准答案：BCD

Jb0708183119 VPN 客户端隧道无法正常建立应当如何检查？（　　　）（5分）

A. 检查公安信息网网络环境，客户端和网关之间是否路由可达

B. 客户端和网关之间的预共享密钥或者证书选择是否正确

C. 检查客服端和网关可访问子网的设置是否正确

D. 检查客户端的完美向前保护是否开启（网关客户端隧道默认是开启的）

考核知识点：网络基础

难易度：难

标准答案：ABCD

Jb0708183120 下列关于对防火墙的功能模式，正确的是（　　　）。（5分）

A. 防火墙能够执行安全策略 　　　　　B. 防火墙能够产生审计日志

C. 防火墙能够限制阻止安全状态的暴露　D. 防火墙能够防病毒

考核知识点：信息安全基础

难易度：难

标准答案：ABC

Jb0708183121 SSA（安全态势感知服务）从哪些角度分析安全态势？（　　　）（5分）

A. 全局视角 　　　B. 用户视角 　　　C. 管理视角 　　　D. 攻击者视角

考核知识点：信息安全基础

难易度：难

标准答案：ABD

Jb0708183122 下列属于重放类安全问题的是（　　　）。（3分）

A. 篡改机制 　　　　　　　　　　　　B. 登录认证报文重放

C. 交易通信数据重放 　　　　　　　　D. 界面劫持

考核知识点：信息安全基础

难易度：难

标准答案：BC

判　断　题

Jb0708191123 端口隔离可以实现隔离同一交换机同一 VALN 内不同端口之间的通信。（　　　）（3分）

A. 对 　　　　　　　　　　　　　　　B. 错

考核知识点：网络基础

难易度：易

标准答案：A

Jb0708191124 SQL 注入漏洞能直接篡改数据库表数据。（　　　）（3分）

A. 对 B. 错

考核知识点：信息安全基础

难易度：易

标准答案：A

Jb0708192125 OSPF 邻居的主从关系是通过 DD 报文进行协商的。（　　　）（3分）

A. 对 B. 错

考核知识点：网络基础

难易度：中

标准答案：A

Jb0708192126 访问控制列表（ACL）是匹配规则顺序可以不按照用户配置 ACL 的规则的先后顺序进行匹配。（　　　）（3分）

A. 对 B. 错

考核知识点：网络基础

难易度：中

标准答案：A

Jb0708192127 在 MSTP 协议中，每个 Mst Instance 都单独使用 RSTP 算法，计算单独的生成树。（　　　）（3分）

A. 对 B. 错

考核知识点：网络基础

难易度：中

标准答案：A

Jb0708192128 IP 报文中用 TOS 字段进行 QoS 的标记，TOS 字段中是使用前 6bit 来标记 DSCP 的。（　　　）（3分）

A. 对 B. 错

考核知识点：网络基础

难易度：中

标准答案：A

Jb0708192129 将 Cookie 设置为 HttpOnly 能完全防止跨站脚本。（　　　）（3分）

A. 对 B. 错

考核知识点：信息安全基础

难易度：中

标准答案：B

Jb0708193130 GMP Snooping 运行在数据链路层，用于管理和控制组播组，解决组播报文在

三层广播的问题。（　　　）（3分）

    A. 对　　　　　　　　　　　　　　　　　B. 错

考核知识点：网络基础

难易度：难

标准答案：B

Jb0708193131　MySQL数据库的SQL注入方式，可以读取到网站源代码。（　　　）（3分）

    A. 对　　　　　　　　　　　　　　　　　B. 错

考核知识点：信息安全基础

难易度：难

标准答案：A

Jb0708193132　"string sql=""select * from item where Account−""+Account+""" And sku=""+sku"""""；ResultSet rs=stmt.execute（query）；上述代码存在SQL注入漏洞。（　　　）（3分）

    A. 对　　　　　　　　　　　　　　　　　B. 错

考核知识点：信息安全基础

难易度：难

标准答案：B

Jb0708193133　PowerShell脚本只支持Windows系统，无法在Linux上使用。（　　　）（3分）

    A. 对　　　　　　　　　　　　　　　　　B. 错

考核知识点：信息安全基础

难易度：难

标准答案：B

Jb0708193134　假设在仅返回给自己的数据中发现了保存型XSS漏洞，这种行为并不存在安全缺陷。（　　　）（3分）

    A. 对　　　　　　　　　　　　　　　　　B. 错

考核知识点：信息安全基础

难易度：难

标准答案：B

简　答　题

Jb0708131135　根据交换机处理VLAN数据帧的方式不同，H3C以太网交换机的端口类型分为哪些？（10分）

考核知识点：网络基础

难易度：易

标准答案：

Access端口、trunk端口、hybrid端口。

Jb0708131136　链路聚合的作用是什么？（10分）

考核知识点：网络基础

难易度：易

标准答案：

增加链路带宽，实现数据的负载均衡，增加了交换机间的链路可靠性。

Jb0708131137 如何有效防御 CSRF 攻击带来的威胁？（10 分）

考核知识点：信息安全基础

难易度：易

标准答案：

使用图片验证码；要求所有 POST 请求都包含一个伪随机值；只允许 GET 请求检索数据，但是不允许它修改服务器上的任何数据；使用多重验证，例如手机验证码。

Jb0708131138 当发现攻击后，入侵检测系统一般采用哪些响应方式？（10 分）

考核知识点：信息安全基础

难易度：易

标准答案：

屏幕显示报警，日志记录，同防火墙联动进行阻断，发送邮件报警。

Jb0708131139 蠕虫病毒的目标选择算法有哪些？请至少写出两种。（10 分）

考核知识点：病毒基础知识

难易度：易

标准答案：

随机性扫描，顺序扫描，基于目标列表的扫描。

Jb0708131140 计算机病毒由哪几部分组成？（10 分）

考核知识点：病毒基础知识

难易度：易

标准答案：

引导部分、传染部分、表现部分。

Jb0708131141 在防火墙的"访问控制"应用中，内网、外网、DMZ 三者的访问关系是什么？（10 分）

考核知识点：信息安全基础

难易度：易

标准答案：

内网可以访问外网，内网可以访问 DMZ 区，DMZ 区可以访问内网，外网可以访问 DMZ 区。

Jb0708131142 "震网病毒"利用了哪些常见漏洞传播？（10 分）

考核知识点：病毒基础知识

难易度：易

标准答案：

利用 MS10－092 漏洞传播，利用 MS10－061 漏洞传播，利用 MS10－073 漏洞传播，利用 MS10－046

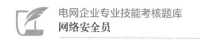

漏洞传播，利用 MS08－067 漏洞传播。

Jb0708131143　防火墙的工作模式包括哪些？（10分）
考核知识点： 信息安全基础

难易度： 易

标准答案：

透明模式、混合模式。

Jb0708131144　病毒的反静态反汇编的常见技术有哪些？（10分）
考核知识点： 病毒基础知识

难易度： 易

标准答案：

数据压缩、数据加密、感染代码。

Jb0708131145　常见的主动防御技术有哪些？请至少写出两种。（10分）
考核知识点： 信息安全基础

难易度： 易

标准答案：

入侵检测技术、防火墙技术、恶意代码扫描技术。

Jb0708131146　请分别描述路由策略和策略路由。（10分）
考核知识点： 网络基础

难易度： 易

标准答案：

策略路由主要是控制报文的转发，即可以不按照路由表进行报文的转发；路由策略主要控制路由信息的引入、发布、接收。

Jb0708131147　根治 SQL 注入的办法有哪些？（10分）
考核知识点： 信息安全基础

难易度： 易

标准答案：

使用参数化 SQL 提交，使用了 Prepared Statement 技术。

Jb0708131148　Cookie 有哪两种类型？（10分）
考核知识点： 信息安全基础

难易度： 易

标准答案：

本地型 Cookie、临时 Cookie。

Jb0708131149　什么是 XSS 攻击？（10分）
考核知识点： 信息安全基础

难易度： 易

标准答案：

XSS 攻击通常指的是利用网页开发时留下的漏洞，通过巧妙的方法注入恶意指令代码到网页，使用户加载并执行攻击者恶意制造的网页程序。

Jb0708131150　XSS 的防御方法有哪些？请至少写出两点。（10 分）

考核知识点： 信息安全基础

难易度： 易

标准答案：

输入过滤、白名单过滤、输出编码、黑名单过滤。

Jb0708131151　OSPF 协议支持的网络类型有哪些？请至少写出两种。（10 分）

考核知识点： 网络基础

难易度： 易

标准答案：

点对点（point－to－point，P2P）网络、广播（broadcast）网络、非广播－多路访问（non－broadcast multiple access，NBMA）网络、点对多点（point－to－multipoint）。

Jb0708131152　OSPF 有哪两种路由聚合方式？（10 分）

考核知识点： 网络基础

难易度： 易

标准答案：

ASBR（自治系统边界路由器）聚合、ABR（区域边界路由器）聚合。

Jb0708131153　JavaScript 有哪三种数据类型？（10 分）

考核知识点： Web 基础

难易度： 易

标准答案：

数值型、逻辑型、字符型。

Jb0708131154　FTP 协议常用到的端口号有哪些？（10 分）

考核知识点： 网络基础

难易度： 易

标准答案：

20、21。

Jb0708131155　Oracle 数据库中，事务控制语言有哪些？请至少写出两条。（10 分）

考核知识点： 数据库基础

难易度： 易

标准答案：

COMMIT、SAVEPOINT、POLLBACK。

Jb0708131156　Oracle 数据文件的扩展方式有哪些？（10 分）

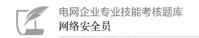

考核知识点：数据库基础

难易度：易

标准答案：

手动扩展、自动扩展。

Jb0708131157　在网络设备与安全设备上工作，应遵守哪些规定？（10 分）

考核知识点：规章制度

难易度：易

标准答案：

更换网络设备或安全设备的热插拔部件、内部板卡等配件时，应做好防静电措施；网络设备或安全设备检修工作结束前，应验证设备及所承载的业务运行正常，配置策略符合要求。

Jb0708131158　信息系统远程检修应具备什么要求？（10 分）

考核知识点：规章制度

难易度：易

标准答案：

信息系统远程检修应使用运维专机，并使用加密或专用的传输协议。

Jb0708131159　信息系统巡视有哪些规定？（10 分）

考核知识点：规章制度

难易度：易

标准答案：

巡视时不得改变信息系统或机房动力环境设备的运行状态。巡视时发现异常问题，应及时报告信息运维单位（部门）；非紧急情况的处理，应获得信息运维单位（部门）批准。巡视时不得更改、清除信息系统和机房动力环境告警信息。

Jb0708131160　工作许可人的安全责任有哪些？（10 分）

考核知识点：规章制度

难易度：易

标准答案：

（1）确认工作具备条件，工作不具备条件时应退回工作票。

（2）确认工作票所列的安全措施已实施。

Jb0708131161　在信息系统上工作，保证安全的组织措施有哪些？（10 分）

考核知识点：规章制度

难易度：易

标准答案：

工作票制度、工作许可制度、工作终结制度。

Jb0708131162　VPN 的核心技术有哪些？请至少写出两点。（10 分）

考核知识点：网络基础

难易度：易

标准答案：
隧道技术、身份认证、访问控制。

Jb0708131163　IP 路由发生在 OSI 模型的哪一层？（10 分）

考核知识点： 网络基础

难易度： 易

标准答案：

网络层。

Jb0708131164　OSI 模型有哪几层，分别是什么？（10 分）

考核知识点： 网络基础

难易度： 易

标准答案：

7 层，分别是物理层、数据链路层、网络层、传输层、会话层、表示层、应用层。

Jb0708133165　当页面源代码为：

```
function escape（input）｛
    // sort of spoiler of level 7
    input = input.replace（/\*/g，    "）；
    // pass in something like dog#cat#bird#mouse...
    var segments = input.split（'#'）；
    return segments.map（function（title， index）｛
        // title can only contain 15 characters
        return '<p class="comment" title="' + title.slice（0，15）+ '" data-comment=\'{"id": ' + index
+ '}\'></p>';
    ｝）.join（'\n'）；
｝
```

时，加载 payload（　　　）可成功绕过 XSS 防护。（10 分）

考核知识点： 信息安全基础

难易度： 难

标准答案：

"><script>'#${alert(1)}#'</script>

"><svg><!－－#－－><script><!－－#－－>alert(1)<!－－#－－></script>。

Jb0708132166　FTP 数据连接的作用是什么？（10 分）

考核知识点： 网络基础

难易度： 中

标准答案：

客户机向服务器发送文件、服务器向客户机发送文件、服务器向客户机发送文件列表。

Jb0708132167　无线网络中常见的三种攻击方式有哪些？（10 分）

考核知识点： 信息安全基础

难易度： 中

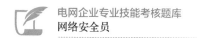
标准答案：

中间人攻击、会话劫持攻击、拒绝服务攻击。

Jb0708132168 密码分析是研究密码体制的破译问题，根据密码分析者所获得的数据资源，可将密码分析攻击分为几类，分别是什么？（10 分）

考核知识点： 密码学基础

难易度： 中

标准答案：

分为 4 类，分别为：惟密文分析、已知明文分析攻击、选择明文分析、选择密文分析攻击。

Jb0708132169 SQL 注入攻击原理是什么？存在有哪些危害？（10 分）

考核知识点： 信息安全基础

难易度： 中

标准答案：

SQL 注入攻击是最常见的攻击手段之一，通过将恶意的 SQL 查询或添加语句插入到应用的输入参数中，再在后台 SQL 服务器上解析执行进行的攻击，利用此漏洞可以导致恶意篡改网页内容，网页被挂木马，未经授权状况下操作数据库中的数据，私自添加系统账号等危害。

Jb0708132170 哪些操作可有效避免恶意文件上传？（10 分）

考核知识点： 信息安全基础

难易度： 中

标准答案：

上传文件类型应遵循最小化原则，仅允许上传必需的文件类型；上传文件大小限制，应限制上传文件大小的范围；上传文件保存路径限制，过滤文件名或路径名中的特殊字符；应关闭文件上传目录的执行权限。

Jb0708132171 哪些操作可有效抵御常见的 DDoS 攻击？请至少写出两种。（10 分）

考核知识点： 信息安全基础

难易度： 中

标准答案：

所有服务器采用最新系统，并打上安全补丁；从服务器相应的目录或文件数据库中删除未使用的服务，如 FTP 或 NFS；运行在 Linux 上的所有服务都有 TCP 封装程序，限制对主机的访问权限。

Jb0708132172 越权一般有哪几类？（10 分）

考核知识点： 信息安全基础

难易度： 中

标准答案：

未授权访问、垂直越权、平行越权。

Jb0708132173 数字证书可以存储的信息包括哪些？（10 分）

考核知识点： 信息安全基础

难易度： 中

标准答案：

身份证号码、社会保险号、驾驶证号码、组织工商注册号、组织组织机构代码、组织税号、IP 地址、E-mail 地址。

Jb0708132174　哪些版本的 SNMP 协议不支持加密特性？请至少写出两条。（10 分）

考核知识点：网络基础

难易度：中

标准答案：

SNMPv1、SNMPv2、SNMPv2c。

Jb0708132175　在 Unix 系统中，管道可以分为哪几种？（10 分）

考核知识点：主机基础

难易度：中

标准答案：

匿名管道、命名管道。

Jb0708132176　RIPv1 与 RIPv2 的区别有哪些？（10 分）

考核知识点：网络基础

难易度：中

标准答案：

（1）RIPv1 是有类路由协议，RIPv2 是无类路由协议。

（2）RIPv2 支持验证，RIPv1 不支持。

Jb0708132177　网络流量控制技术有哪些？请至少写出两种。（10 分）

考核知识点：网络基础

难易度：中

标准答案：

窗口机制、源抑制技术、缓存技术。

Jb0708132178　什么是文件上传漏洞？（10 分）

考核知识点：信息安全基础

难易度：中

标准答案：

文件上传漏洞，指的是用户上传一个可执行的脚本文件，并通过此脚本文件获得了执行服务端命令的能力。

Jb0708133179　当页面源代码为：

```php
<?php
ini_set("display_errors",0);
$str=$_GET["name"];
echo "<h2 align=center>欢迎用户".$str."</h2>";
?>
```

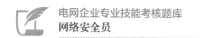
时，加载 payload（　　　）可成功绕过 XSS 防护。（10 分）

考核知识点：信息安全基础

难易度：难

标准答案：

<script>alert(/xss/)</script>

<img src=!onerror="alert(/xss/)">

<a onmouseover="alert(/xss/)">。

Jb0708132180　在一台 MSR 路由器的路由表中，路由的来源有哪几种？（10 分）

考核知识点：网络基础

难易度：中

标准答案：

直连网段的路由，由网络管理员手工配置的静态路由，动态路由协议发现的路由。

Jb0708132181　硬盘扇区包括哪些类型？请至少写出三种。（10 分）

考核知识点：网络基础

难易度：中

标准答案：主引导扇区，操作系统引导扇区，FAT，DIR，Data。

Jb0708133182　TCP 协议头部的字段有哪些？（10 分）

考核知识点：网络基础

难易度：难

标准答案：

源端口、目的端口、校验和、序列号、确认号、窗口、数据等。

Jb0708133183　VLAN 划分的方法包括哪些？（10 分）

考核知识点：网络基础

难易度：难

标准答案：

基于端口的划分，基于 MAC 地址的划分，基于协议的划分，基于子网的划分。

Jb0708133184　请简述防火墙的典型部署模式。（10 分）

考核知识点：信息安全基础

难易度：难

标准答案：

（1）透明模式（点到点虚拟线部署、多点二层接入部署、Trunk 穿越部署）。

（2）路由部署（边界网关、ISP 链路负载均衡、非对称路由）。

（3）混合部署。

（4）HA 部署（虚拟线主备、路由主备、路由主主）。

（5）VPN 部署（ssl vpn 客户端到网关、ssl vpn 网关到网关、ipsec vpn 网关到网关）。

Jb0708133185　若移动终端的数字证书过期，恢复正常需要执行哪些操作？（10 分）

考核知识点：信息安全基础

难易度：难

标准答案：

重新签发证书，将新证书使用证书工具导入到移动终端的安全 TF 卡中，重新登录 VPN 客户端，在集中监管中进行绑定和策略配置。

Jb0708133186　严格的口令策略应当包括哪些要素？（10 分）

考核知识点：信息安全基础

难易度：难

标准答案：

满足长度 8 位以上，同时包含数字、字母和特殊字符，系统强制要求定期更改口令。

Jb0708133187　属于对称密码机制的算法有哪些？请至少写出两种。（10 分）

考核知识点：密码学基础

难易度：难

标准答案：

DES 算法、RSA 算法、IDEA 算法。

Jb0708133188　请描述 Apache Struts 2 远程命令执行的漏洞。（10 分）

考核知识点：病毒基础知识

难易度：难

标准答案：

Apache Struts 2 的核心是使用的 Webwork 框架，处理 Action 时通过调用底层的 getter/setter 方法来处理 HTTP 的参数，它将每个 HTTP 参数声明为一个 ONGL 语句。该漏洞是由于在使用基于 Jakarta 插件的文件上传功能条件下，恶意用户可以通过修改 HTTP 请求头中的 Content－Type 值来触发该漏洞，进而执行任意系统命令，导致系统被黑客入侵。修复漏洞最简单的方法为更新 Apache Struts 2 的 jar 包为最新版本。

Jb0708133189　网络安全目标包括哪些？（10 分）

考核知识点：规章制度

难易度：难

标准答案：

信息机密性、信息完整性、服务可用性、可审查性。

Jb0708133190　文件上传漏洞常见检测内容包括哪些？（10 分）

考核知识点：信息安全基础

难易度：难

标准答案：

基于目录验证的上传漏洞，基于服务端扩展名验证的上传漏洞，基于 MIME 验证的上传漏洞，基于 Javascript 验证的上传漏洞。

Jb0708132191　黑客通过 Windows 空会话可以实现的行为包括哪些？请至少写出两种。（10 分）

考核知识点：信息安全基础

难易度：中

标准答案：

列举目标主机上的用户和共享，访问小部分注册表，访问 everyone 权限的共享。

Jb0708131192　社会工程学攻击常见的攻击类型有哪些？请至少写出两种。（10分）

考核知识点：社会工程学基础

难易度：易

标准答案：

网络钓鱼攻击、水坑攻击、捕鲸攻击。

Jb0708133193　现有的公钥密码体制中使用的密钥包括什么？（10分）

考核知识点：密码学基础

难易度：难

标准答案：

公开密钥、私有密钥。

Jb0708133194　请简述 SELinux。

考核知识点：信息安全基础

难易度：难

标准答案：

安全增强型 Linux（Security-Enhanced Linux，SELinux）是一个 Linux 内核模块，也是 Linux 的一个安全子系统。SELinux 的主要作用是最大限度地减小系统中服务进程可访问的资源（最小权限原则）。

Jb0708133195　数据加密服务（DEW）提供的常见功能有哪些？（10分）

考核知识点：密码学基础

难易度：难

标准答案：

以加密方式生成安全随机数据，对数据进行加密签名（包括代码签名）并验证签名，支持租户自动化申请、删除、配置、查看 VSM 资源实例。

Jb0708132196　计算机病毒的主要传播途径有哪些？请至少写出两种。（10分）

考核知识点：病毒基础知识

难易度：中

标准答案：

电子邮件、网络、存储介质、文件交换。

Jb0708133197　现代病毒木马融合的技术有哪些？请至少写出两种。（10分）

考核知识点：病毒基础知识

难易度：难

标准答案：

进程注入、注册表隐藏、漏洞扫描、自我复制。

Jb0708133198　操作系统的基本功能有哪些？请至少写出两种。（10分）

考核知识点：操作系统基础

难易度：难

标准答案：

处理器管理、文件管理、存储管理、设备管理。

Jb0708133199　国家保护公民、法人和其他组织依法使用网络的权利有哪些？请至少写出两种。（10分）

考核知识点：规章制度

难易度：难

标准答案：

促进网络接入普及，为社会提供安全、便利的网络服务，提升网络服务水平，保障网络信息依法有序自由流动。

Jb0708133200　HTTPS 和 HTTP 的区别有哪些？（10分）

考核知识点：Web 基础

难易度：难

标准答案：

（1）HTTP 协议传输的数据都是未加密的，因此使用 HTTP 协议传输隐私信息不安全，HTTPS 协议是由 SSL+HTTP 协议构建的可进行加密传输、身份认证的网络协议，比 HTTP 协议安全。

（2）HTTPS 协议需要到证书颁发机构（Certificate Authority，CA）申请证书，一般免费证书较少，需要一定费用。

（3）HTTP 和 HTTPS 常用端口不同，前者是 80，后者是 443。

Jb0708133201　在设计密码的存储和传输安全策略时应考虑的原则有哪些？（10分）

考核知识点：密码基础

难易度：难

标准答案：

（1）禁止明文传输用户登录信息及身份凭证。

（2）禁止在数据库或文件系统中明文存储用户密码。

（3）应采用单向散列值在数据库中存储用户密码，并使用强密码，在生成单向散列值过程中加入随机值。

Jb0708133202　安全审计系统的作用有哪些？（10分）

考核知识点：信息安全基础

难易度：难

标准答案：

（1）辅助辨识和分析未经授权的活动或攻击。

（2）对于已建立的安全策略的一致性进行核查。

（3）帮助发现需要改进的安全控制措施。

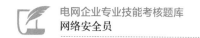
Jb0708133203 根据《中华人民共和国网络安全法》的规定，关键信息基础设施的运营者应当履行哪些安全保护义务？（10分）

考核知识点：信息安全基础

难易度：难

标准答案：

（1）定期对从业人员进行网络安全教育、技术培训和技能考核。

（2）对重要系统和数据库进行容灾备份。

（3）制定网络安全事件应急预案，并定期进行演练。

（4）设置专门安全管理机构和安全管理负责人，并对该负责人和关键岗位的人员进行安全背景审查。

Jb0708133204 系统中安全备案功能按部门分为哪几项？（10分）

考核知识点：信息安全基础

难易度：难

标准答案：

信息部门、调度部门、运检部门、营销部门。

Jb0708133205 请简述在防火墙的"访问控制"应用中，内网、外网、DMZ 三者的访问关系。（10分）

考核知识点：网络基础

难易度：中

标准答案：

（1）内网可以访问外网。

（1）内网可以访问 DMZ 区。

（3）外网可以访问 DMZ 区。

Jb0708133206 请简述中间件的特点。（10分）

考核知识点：中间件

难易度：难

标准答案：

（1）满足大量应用的需要。

（2）运行于多种硬件和操作系统平台。

（3）支持分布式计算。

（4）支持标准的协议。

第十章　网络安全员高级技师技能操作

Jc0708143001　WebLogic – CVE – 2018 – 2628 漏洞修复。（100 分）

考核知识点： 网络安全基础

难易度： 难

技能等级评价专业技能考核操作工作任务书

一、任务名称

WebLogic – CVE – 2018 – 2628 漏洞修复。

二、适用工种

网络安全员高级技师。

三、具体任务

根据业务需求，在 PC 机上部署 WebLogic，并进行 WebLogic 漏洞修复。WebLogic Server 提供了名为 weblogic.security.net.ConnectionFilterImpl 的默认连接筛选器。此连接筛选器接受所有传入连接，可通过此连接筛选器配置规则，对 T3 及 T3s 协议进行访问控制。进入 WebLogic 控制台，在 base_domain 的配置页面中：

（1）进入"安全"选项卡页面，点击"筛选器"，进入连接筛选器配置。

（2）在连接筛选器中输入：security.net.ConnectionFilterImpl，在连接筛选器规则中输入：＊＊7001 deny t3 t3s。

（3）保存后规则即可生效，需重新启动。

（4）使用高级安全 Windows 防火墙的出站、入站规则控制 7001 端口访问 IP 地址。

四、工作规范及要求

要求单人操作完成。

五、考核及时间要求

（1）本考核操作时间为 60 分钟，时间到停止考评，包括报告整理时间。

（2）问题查找和排除过程中，如确实不能查找出问题，可向考评员申请排除问题，该项问题项目不得分，但不影响其他项目。

技能等级评价专业技能考核操作评分标准

工种	网络安全员				评价等级	高级技师
项目模块	网络安全基础—WebLogic – CVE – 2018 – 2628 漏洞修复			编号		Jc0708143001
单位			准考证号		姓名	
考试时限	30 分钟		题型	单项操作	题分	100 分
成绩		考评员		考评组长	日期	
试题正文	WebLogic – CVE – 2018 – 2628 漏洞修复					
需要说明的问题和要求	由单人完成 WebLogic 指定漏洞修复，且符合下列要求					

续表

序号	项目名称	质量要求	满分	扣分标准	扣分原因	得分
1	安装 WebLogic 客户端	在 PC 客户端上安装配置 WebLogic 程序	20分	未按质量要求设置，扣 20 分		
2	使用 WebLogic 控制台配置 T3	通过控制 T3 协议的访问来临时阻断攻击行为	30分	未按质量要求设置，扣 30 分		
3	重启服务	重启 WebLogic 域控制器服务完成漏洞修复	20分	未按质量要求设置，扣 20 分		
4	使用高级安全 Windows 防火墙的出站、入站规则控制	根据实际环境，添加出站、入站规则控制 7001 端口的访问 IP	30分	未按质量要求设置，扣 30 分		
	合计		100			